# 撼動世界歷史的14種植物

世界史を大きく動かした植物

稻垣榮洋—著　劉愛麦—譯

# 前言

人類非常了解自己的歷史，至少我們自認如此。然而，我們對歷史真的一清二楚嗎？如果我說，植物才是操縱人類歷史的幕後黑手，你相信嗎？

植物與人類如影隨形。

人類栽種植物，農耕技術孕育文明，植物造就財富，人們為植物所玩弄，為財富而瘋狂。人口增加後，人類對作物的需求也隨之大增，作物生成了糧食與財富，最後形成國家。國富兵強後，植物成了戰爭的引爆點，人們為了爭奪財富而烽火連天。

國因植物而榮亡，人因植物而悲喜。有糧草才能持續打仗，誰爭得植物的控制權，就等同控制了全世界。沒有植物將引發飢荒，所以人們需要植物，並四處尋求栽種植物的土地。

「歷史」是由人類的所作所為交織而成，人類的行為則與植物息息相關。也因為這個原因，人類歷史的「幕後」總少不了植物的推波助瀾。

你知道嗎？植物其實是古文明的起源。

大家都知道工業革命造就了近代社會，但你不知道的是，其實是某種植物引發了工業革命。

美國的南北戰爭也好，英國與清朝的鴉片戰爭也好，都與植物有著密不可分的關係。

人類史儼然就是植物史，本書將帶大家從植物的角度一窺歷史。

接下來各位要讀的，是一篇人類與植物交織而成的浩瀚史詩。

稻垣榮洋

# 目次

## 第一章 小麥——「一粒小麥」孕育出的文明



## 第二章 水稻——種稻文化的產物：「日本」

## 第十章 大豆——日本戰國時代的重要軍糧



## 第十一章 洋蔥——古埃及金字塔的幕後功臣



## 第十二章 鬱金香——世界首次泡沫經濟與球根

第一章

# 小麥——「一粒小麥」孕育出的文明

很久很久以前，我們的祖先發現了「一粒小麥」的突變種，這堪稱人類史上最偉大的發現。

導致人類捨棄狩獵生活，走上農耕之路。

## 先有樹還是先有草？

我們都知道植物可分為「樹」和「草」，但你可曾想過一個問題——是先有樹，還是先有草呢？事實上，植物是先從「蕨類植物」進化為「種子植物」，然後才進化為能長成樹木的「木本植物」。

古代地球氣候溫暖，二氧化碳濃度高，非常適合植物進行光合作用。在這樣的環境下，植物必須盡可能地長高長大，才能在眾多植物之中爭得陽光。也因為這個原因，植物演化出堅固的枝幹來支撐龐大的軀體。

草食性恐龍之所以演化出長脖子，就是為了吃到高處的植物。

然而到了恐龍時代的最後一紀——白堊紀後，地球環境卻出現了變化。盤古大陸分裂後開始漂移，大地裂開之處成為水深較淺的內海或是溼地，撞擊之處則隆起成山地。地殼的變動形成各種複雜地形，氣候也隨之出現極大的轉變。

之後，地球環境從安定期進入變化期，植物也出現顯著的變化。

在那個「瞬間急變」的時代，植物根本沒時間慢慢生長，所以開始從「樹」發展成體型較小的「草」。

白堊紀前的草食性恐龍大多都為長脖子，以便吃到樹木高處的樹葉。

然而進入白堊紀後，卻出現三角龍這種短脖子短腳的草食性恐龍。且三角龍頭部朝下，身形與牛、犀牛等草食動物相似，這代表牠們吃的不是樹上的樹葉，而是地面的小花小草，可見當時已有植物從樹木演化成草類。

## 雙子葉植物和單子葉植物的差別

草是由「單子葉植物」發展而來。

對植物而言，從「樹」演化成「草」是非常劇烈的轉變，要比喻的話，就像魚爬上陸地成為兩棲類，又或是猴子演化成人類。

以前上生物課時，大家應該都有學過「單子葉植物」和「雙子葉植物」的特徵與差別吧？

如其名所示，雙子葉植物有兩片子葉，單子葉植物則只有一片。此外，雙子葉植物在莖的橫斷面上有形成層，由導管和篩管呈現出輪狀，單子葉植物則沒有形成層。雖說單子葉植物的結構較為單純，但其實是由雙子葉植物演化而來，其單片子葉就是由原本的雙片子葉合體而成。

雙子葉植物的莖較粗，結構牢固，生長速度也較緩慢，之所以生有形成層，就是為了支撐較高大的體型。且為了確保自己能長高長大，才發展出較為堅固的分枝。

單子葉植物講求的是生長速度，所以才去除掉形成層。其葉脈呈平行狀，根部為鬚根，整體為直線結構。

總而言之，單子葉植物為了能夠快速生長，略除了許多不需要的結構。

## 禾本科植物的出現

禾本科植物是單子葉植物中最為進化的一群。

這種植物原本長在乾燥的草原上。

森林因草木茂盛，動物不用擔心沒東西吃的問題。草原就不同了，草原植物本就稀疏，動物為了存活，就必須爭奪有限的植物，能吃就吃、能吃多少就吃多少，導致植物隨時處於「可能被吃光」的危機之中。當然，動物這麼做也是情有可原，但在這樣的環境下，植物想要存活下去，就必須發展出一套「保命之道」。

問題來了，草原植物要怎麼保命呢？

有些植物會以「毒」自保。但麻煩的是，植物要有足夠的養分才能製造毒素，在貧瘠的草原上「製毒」並非簡單的工作。先不論難易度，就算真演化成有毒植物，道高一尺魔高一丈，動物自有辦法「以毒攻毒」。

禾本科植物為了保命，開始在體內儲存「矽」這種固體物質。矽是製造玻璃的原料，富含於土壤之中。因植物不以矽為養分，這其實是一種非常合理的自保手段。

此外，禾本科植物的葉子含有豐富的纖維質，因不利於消化，較不適合動物食用。

依推算，禾本科植物大約是在六百萬年前發展出這套「儲矽系統」。這對動物而言是史無前例的大轉變，甚至有許多草食動物因為食物短缺而滅絕。

除此之外，禾本科植物還有一個非常奇異的特徵。

一般植物的生長點位於莖的前端，從前端累積新細胞來往上生長。但這樣的結構有一個缺點，一旦莖的前端被吃掉，植物就會失去生長點這個命脈。

為了解決這個問題，禾本科植物演化出低到幾乎要碰到地面的生長點。它們不是拉長莖部，而是用基部包住整個生長點，不斷將葉子往上頂。這麼一來，生長點就不會受損，無論動物怎麼吃，都只會吃到葉子的前端。

## 禾本科植物再進化

然而，這種生長方式卻有個很大的問題。

如果是「往上長」，還可用細胞分裂的方式增加枝幹，達到枝繁葉茂的效果。然而，若只是「往上頂」，可就長不出什麼葉子了。

為此，禾本科植物發展出「分蘗」的功能——增加生長點的數量。禾本科雖然長不高，但仍能在慢慢伸展莖部的同時於地面長出分枝，用「以枝增枝」的方式擴展生長點，藉此增加可以往上頂的葉子。也因為這個原因，禾本科才會從地面長出長滿葉子的分株。

禾本科植物的「生存巧思」可不只這些。

稻米、小麥、玉米等禾本科植物是人類重要的糧食來源。值得注意的是，我們吃的是這些植物的「種子」，而非葉子。

禾本科植物的葉子硬到無法入口，如果只是「硬」的話還好辦，因為人類會用火，只要稍作調理，還是可以勉強食用。

然而，禾本科植物為了不被吃掉，還除去了葉子裡的養分，讓自己又硬又沒營養，吃了等於白吃。

看到這裡或許有人心想：「植物行光合作用不是會製造出養分嗎？禾本科植物把這些養分藏到哪去了？」

答案是地面處的莖。

禾本科植物為了降低自己對動物的吸引力，刻意演化出硬韌的葉子，讓動物難以消化，並將葉子裡的蛋白質降到最低，縮減營養價值。

## 動物的生存戰略

然而，草原動物若不吃禾本科植物，就無法在貧瘠的環境中生存。

於是牠們演化出許多本事，設法吃禾本科植物維生。

牛就是非常好的例子。牛有四個胃，其中只有第四個胃能夠像人胃一樣消化吸收。其他三個胃各有什麼功用呢？第一個胃類似「發酵槽」，其容量較大，可儲藏吃下肚的草，讓微生物分解食物製造養分。

牛在胃裡製造富含營養的發酵食品，要比喻的話，就像人類發酵大豆來製造蘊含豐富營養的味噌和納豆，又或是發酵米類製成日本酒。

第二個胃負責將食物送回食道，讓牛二次咀嚼胃裡的消化物。這樣的行為稱作「反芻」。牛之所以吃完東西後還是嚼個不停，就是因為這個原因。

第三個胃負責調整食物的量，將食物送回前兩個胃，又或是送到第四個胃。在四個胃的互助合作下，牛隻才能軟化禾本科植物的葉子，並經由微生物發酵後製成養分。

除了牛之外，山羊、綿羊、鹿、長頸鹿也屬於反芻動物，透過反芻來消化植物。

馬只有一個胃，因而演化出發達的盲腸。牠們透過盲腸裡的微生物來分解植物纖維，自行製造養分。兔子和馬一樣，盲腸也非常發達。

禾本科的葉子雖然又硬又沒營養，但草原動物還是發展出了各種機能，設法消化禾本科植物來取得養分。

看到這裡你是否感到奇怪呢？既然禾本科植物沒有營養，牛馬又只吃禾本科植物，為什麼要演化出這麼大的體型呢？

牛馬主要以吃禾本科植物維生，牠們除了要有特別的內臟，像是四個胃又或是較長的盲腸，還必須食用大量的禾本科植物，才能夠攝取足夠的營養。

也因為這個原因，牠們必須發展出足以容下大型內臟的軀體，才能夠存活下去。

## 人類的出現

有研究指出，人類也發源於草原。

人類雖然會用火，但禾本科植物的葉子又硬又沒營養，無論是用煮的還是烤的都無法食用。

因此，人類無法像草食動物一樣吃禾本科的葉子，只好吃種子。現在我們人類的主食如麥類、稻米、玉米等穀物，都是禾本科的種子。

然而，要以禾本科種子為食並不簡單。

野生植物的種子成熟後就會落地，掉得到處都是。再加上植物的種子很小，非常不好撿收。

「一粒小麥」是小麥的祖先種。

有一天，我們的祖先發現了「種子不會落地」的一粒小麥突變種，這堪稱人類史上最偉大的發現。

因為種子不落地就無法繁衍子孫，所以對自然界的植物而言，種子成熟後不落地無疑是一種致命缺陷。

但對人類而言，卻是天大的幸事。因為這麼一來，我們就可以採集種子做為糧食。

種子落地的性質名為「脫粒性」，這種性質對自力散播種子的野生植物非常重要。在極為少見的情況下，會發生「非脫粒性」這種性質突變。也就是說，我們的祖先發現了數量極少的「珍奇異株」。

不落地的種子除了可以做為糧食，還可用來培育種子不落地型的小麥，藉此創造穩定的糧食來源。

就這樣，人類開始過起農耕生活。

## 農耕是重體力勞動

說到農業的起源，你覺得農耕發祥自哪裡呢？是自然富饒之處，還是資源貧瘠之地呢？

很多人以為豐沃之地適合農耕，農業一定較為發達，事實上卻不然。因為就算不發展農耕，人們還是可以倚靠其他自然資源維生。好比南國島嶼上的人，他們不必費力耕種，就能吃到森林裡的果實和豐富的海產。

農耕是重體力勞動。若不用務農就能吃飽，當然沒人想要農耕。也因為這個原因，自然豐饒之處的農業通常都不怎麼發達。

農業起源於美索不達米亞，相當於現在的中東地區。也就是說，農業其實源自沙漠地帶。當然，黃沙遍野的沙漠無法耕種，人們只能在「肥沃月彎地區」務農。「肥沃月彎」並非豐饒的森林，而是沙漠裡的肥沃之地。沙漠裡原本沒有東西可吃，農耕的出現引發了糧食革命，只要將水路引至沙漠，播種栽種，即可取得糧食。

生活在貧瘠之地，不耕種就沒有東西可吃，唯有付出勞力耕種才能夠填飽肚子。也因為這個原因，他們才必須發展農業。

## 農耕與畜牧

農業是怎麼開始發展的呢？

人類的演化至今仍充滿謎團，但有研究推測，人類應起源於非洲東部，從草原地區演化而來。

地殼變動導致非洲大陸東西分裂，並形成東非大裂谷，擋住溼潤的赤道西風。因赤道西風吹不到大裂谷的東側，導致東側氣候愈來愈乾燥，逐漸從豐饒的森林變成草原。也因為這個原因，我們的祖先——類人猿才會走出森林，在草原演化成人類。

草原的食物很少，人類的演化環境相當嚴峻。

我們的祖先走出森林、跨越逆境後，四散到各地生活。

到了一、兩萬年前，地球的氣候開始變得又乾又冷，原本四散各地的人們為了尋求更好的生活環境，紛紛聚到河川附近。

為了在惡劣的環境中求生存，人們開始發展「農業」。

如前所述，美索不達米亞是農業的發祥地。該地區一開始發展的是畜牧，也就是將原本的狩獵對象——兔子、山羊等草食動物做為家畜飼養。這麼一來，不但隨時都有肉吃，還可以擠乳，無須屠殺畜隻也可攝取營養。

即便到了今天，西洋的畜產仍相當發達。

反正人類也吃不了禾本科的莖葉，乾脆把莖葉拿來餵養家畜。

## 穀物為何含有碳水化合物？

種子不落地的「一粒小麥」為人類開啟了農業之路。

禾本科種子富含碳水化合物，非常適合人類食用。

為什麼禾本科種子含有大量的碳水化合物呢？這其實是有原因的。

碳水化合物是種子發芽的能源之一。

一般種子除了含有碳水化合物，還有蛋白質、脂質等其他養分。蛋白質可幫助植物形成軀體；脂質則和碳水化合物一樣，都是促使種子發芽的能源。不同的是，脂質可產生的能量比碳水化合物多出許多。以生長量較大的玉米為例，其種子中就含有豐富的脂質，油脂量多到足以煉成玉米油。其他可煉油的還有芝麻、油菜籽……等，這些種子體積雖小，卻含有豐富的發芽能源。

大多種子內除了碳水化合物，還含有蛋白質、脂質等養分。然而，禾本科種子裡卻幾乎都是碳水化合物，這是為什麼呢？

蛋白質是形成植物軀體的基本物質，除了對種子而言非常重要，更是植物本體不可或缺的養分。脂質雖然本身擁有豐富的能量，但相對的，製造脂質也需要能量。也就是說，植物要有足夠的營養才能在種子中儲存蛋白質和脂質。

然而，生活在環境嚴峻的草原，禾本科只能盡可能地簡化生長過程，靠光合作用製造碳水化合物，並存在種子中做為發芽的能源。

草原植物因不用和大型植物競爭，所以不需要特別發展身高，長太高反而容易被草食動物吃掉。因此，禾本科才會捨棄能量較高的脂質，選擇碳水化合物做為生長能源，並陰錯陽差地成為人類的重要糧食。

這就是禾本科種子富含碳水化合物的原因。

## 由「糖」生「富」

禾本科植物含有碳水化合物。而碳水化合物經咀嚼後，在唾液酵素的作用下會形成「糖」。「糖」的甜味能讓人產生陶醉其中的幸福感，對人類具有相當大的吸引力。

於是，人類便成了穀類的俘虜。

農業是一種「以勞易糧」的行為，人們必須付出重體力勞動，才能獲得穩定的糧食。

農業帶給人類的，不僅僅只有糧食。

種子可即食，亦可保存做為隔年農耕的備用，剩餘的種子讓人類培養出「富」——「財產」的概念。

人類的胃袋不大，食量其實相當有限。無論是大食怪還是小鳥胃，食量都差不到太多。無論你再怎麼貪吃，肚子飽了就無法繼續進食。

狩獵時代的人若捕獲大獵物該怎麼處理呢？若堅持獨享，最後也只是放著腐爛罷了。所以，他們通常是「獨樂樂不如眾樂樂」，將多出來的獵物分給別人，這麼一來，下次對方若有多餘的食物也會分給自己。

古時沒有冰箱可保存食糧，對他們而言，「眾樂樂」才能夠創造穩定的食物來源。

食物之前人人平等，無論你再怎麼偉大強悍，胃袋也不會特別大，吃得也不會比別人多。

植物種子有如時光膠囊一般，不會立刻腐爛，而是靜靜地沉睡，等待最佳的生長條件到來。

這種特徵可說是「正中人類下懷」。

種子除了可以即食，還可做為下一波收成的保證。再加上種子可以保存，再多也不嫌多，吃不完還可分給別人。

也就是說，種子不僅是「糧」，還是「富」，是可分配的財產。

就這樣，人類開始擁有自己的財產。

## 人類的不歸路

人的食量有限，貪婪卻是永無止境。

農業帶來了財富，讓人因富而強，進而為了追求更多財富而投入農業。

於是，人類走上了這條不歸路。

農業需要大量的勞力，然而，人類嚐過農業的甜頭後就再也回不去了，誰也無法回歸以往的悠閒生活。

農業的發展帶動了人口增加，人口聚集形成村落，村落聚集形成強國，進而出現貧富差距。於是，人們開始為了財富而爭搶奪鬥。

在農業的魔力之下，人類才逐漸發展為「人類」。

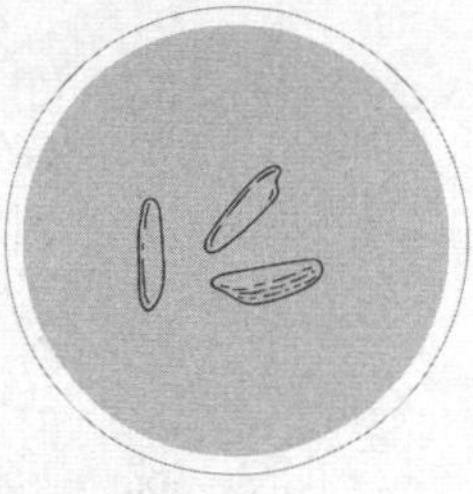

第二章

# 水稻——種稻文化的產物：「日本」

同樣是島國，戰國時代的日本人口是英國的六倍之多。
為什麼日本供養得起這麼多人口呢？
這都得歸功於「稻田系統」與「水稻」。

## 水稻傳入日本前，日本人都吃什麼？

狩獵採集時代，日本人將澱粉類食物稱作「Uri」。

據說目前日文裡有不少相關字詞都是從「Uri」發展而來，像是栗子「Kuri」、胡桃「Kurumi」等。此外，因百合球根也是澱粉源，所以百合的日文「Yuri」也跟「Uri」的音很像。

在稻米傳入日本前，日本人最重要的糧食為芋類。

芋頭又稱作「Taro」，最早是由中國大陸傳入東南亞、密克羅尼西亞、玻里尼西亞、大洋洲等太平洋地區。直到今日，芋頭仍是許多地方的主食。早在很久以前芋頭便傳入日本，日本也因此成為「芋頭文化圈」的其中一角。

即便到了今日，我們仍能在日本的飲食文化中看到芋頭這個「前主食」的影子。比方說，日本人新年一般是吃糯米做的麻糬，但有些地方也會在年糕湯或年菜中放入里芋；中秋節雖是用米粉做的「月見糰子」[1]拜拜，但中秋明月又有「芋明月」之稱，不少日本人也會以里芋做為供品。

此外，日本人特別喜歡像是納豆、麻糬、山藥泥、滑菇等「黏答答」的食物。這些令外國人「聞風喪膽」的食品，卻是日本人的最愛。這應該是因為日本人很早就開始吃芋頭，受到遠古記憶的影響所致。

然而，在「粳」這種澱粉作物傳入日本後，便取代了芋頭成為主食。「粳」的日文為「Uruchi」，據說這個字也源自「Uri」。日本目前就將平常吃的米稱作「粳米（Uruchikome）」。

## 日本的種稻文化始於「吳越爭霸」

「吳越同舟」這句成語源自中國的吳越爭霸，原用來比喻與敵人身處同一個地方，又或是遇到同樣境遇。

中國北方有四大文明之一的黃河文明，南方則有可和四大文明匹敵的

1. 一種用糯米做的白色湯圓。「月見」為賞月之意。

長江文明。前者為大豆文明，發展出大豆和麥類等旱田文化；後者則發展出種稻文化。

紀元前五世紀，地球的氣候愈來愈寒冷。北方的黃河居民為了尋求適合農耕的土地，開始往溫暖的南方移動，而原本就住在南方的長江文明居民，也開始四處尋求更好的農地。在土地有限的情況下，自然少不了一場你爭我奪。

這場「南北土地爭奪戰」，慢慢發展成春秋戰國時代的「吳越爭霸」。

後來有些越人戰敗逃到山上，在險峻的山地開墾梯田，有些則渡海漂到日本列島。當時日本正處於繩文時代晚期到彌生時代初期之間[2]，水稻已傳入日本，但越人帶來的種稻技術，才是讓稻作在日本廣傳的主要原因。

## 不愛稻米的東日本

前面曾問過大家，自然富饒之處和資源貧瘠之地，何者農業較為發達呢？

很多人以為豐沃之地的農業較為發達，這其實是一種錯誤觀念。農耕是一種「以勞換糧」的行為，以高度勞力換取穩定糧源。因此，如果不用耕種就能填飽肚子，根本沒有人要務農。

一般認為農業發祥自美索不達米亞——底格里斯河與幼發拉底河所形成的「肥沃月彎」。該地雖名為「肥沃」，但其實位於乾燥的沙漠地帶。沙漠裡沒有東西吃，必須引水耕種才能獲取糧食。為了填飽肚子，當地居民只能咬緊牙根務農。反觀許多熱帶叢林和南國島嶼，一直到近年都過著自給自足的狩獵採集生活，只要有豐富的漁產和森林果實，無須農耕也可生存。

農業於繩文時代[3]傳入日本。一開始其實也稱不上農業，是以狩獵採集為主，再以放任的方式種植芋頭，讓芋頭「自生自滅」。繩文時代中期，日本人才開始從事燒墾等原始農業。一直要到繩文時代晚期至彌生時代初期，

2. 約西元前四世紀左右。
3. 日本的時代劃分，一般係指紀元前一萬兩千年到前四世紀之間。

在水稻傳入日本後，才出現真正的「農耕」。

繩文時代的日本人過著物資匱乏的狩獵採集生活，那麼彌生時代[4]呢？很多人以為彌生時代開始種稻後，日本便開始由農生富，事實卻並非如此。

水稻自中國大陸傳入日本九州北部後便迅速擴張，僅花了半個世紀就傳到東海地方[5]以西。然而，以東的地區卻始終對種稻興趣缺缺。因為繩文時代的東日本自然資源豐富，即便不種稻也無須煩惱糧食問題。

繩文時代中期，西日本每一百平方公里的人口密度還不到十人，東日本則高達一百到三百人之間，整整比西日本多出數十倍。西日本一直都有缺糧問題，東日本則擁有豐富的落葉林資源，足以供養大批人口。也因為這個原因，水稻才會快速傳遍西日本，而東日本沒有缺糧問題，所以無意投入農務。

## 農業的擴展

前面提到，農業是一種重體力勞動，若可以簡單就填飽肚子，當然沒有人要「捨易取難」。不過，從繩文時代到彌生時代這段期間，即便速度很慢，農業還是在日本成功擴展。

看到這裡一定有人覺得奇怪，「農業」是怎麼打入「食物豐饒區」的呢？

事實上，農業為人類帶來的好處可不只糧食。

狩獵社會很難有貧富落差的問題。因每個人的食量有限，就算捕獲大量獵物也無法單獨吃完。一旦食物有剩，就只能跟別人一同分享。但農業不同，吃不完的穀物可以儲藏起來，累積成財富。這導致社會上出現富人和窮人，造成貧富落差。

4. 日本的時代劃分，一般係指紀元前四世紀到後三世紀中葉，一說認為彌生時代始於紀元前十世紀。
5. 日本本州中部臨太平洋的地區，一般係指愛知、岐阜、三重、靜岡四縣，又或是不包括靜岡縣。

慢慢的，富人開始掌握起權力，聚集人民形成國家，並逐步累積國家實力。

此外，農耕需要引水灌溉的技術，還必須製造各式各樣的農具。發展到一個階段後，人們開始用這些技術打造要塞和武器。

「財富型糧食」和填飽肚子用的糧食不同，財富既可以儲存，也可以互相搶奪。有人因為奪財而致富，被搶奪的一方則落到山窮水盡的地步。隨著農業擴展，人們也開始互相競爭，逐漸發展出「強國」。

這就是「由農生富，因富成國」。技術精良的農業民族，開始以武力壓制狩獵採集民族。

## 日本人的選擇

水稻的收成量比其他穀類多，儲存稻米即可累積財富。

種稻除了能生產稻米，還讓人們學會製造青銅器、鐵器等先進技術。

這些先進技術對人類具有極大的吸引力，這或許也是水稻能夠如此普及的原因。

土木技術和鐵器除了可以用來種稻，還能用來打仗。在軍備實力的優勢下，農業民族經常以武力侵犯非農業民族。

有些族群則是和美索不達米亞文明一樣，因氣候變遷而踏上農耕之路。

距今約四千年前，日本正值繩文時代晚期。有研究指出，當時日本因氣溫漸降，原本豐裕富饒的東日本大自然出現很大的變化，導致人民開始務農。畢竟東日本一直以來都靠豐富的自然資源來支撐高密度人口，糧食短缺將引發急迫的問題。

雖然花了很長一段時間，但日本人還是接納了水稻。

農業可帶動文明發展，促進社會進步。自此以後，日本開始付出高度勞力以換取穩定糧食，因而出現貧富不均、實力落差等問題，這才進一步塑造出國家，形成了歷史。

## 營養滿點的稻米

水稻原產於東南亞，後來成為日本舉足輕重的作物。米飯是日本人的主食，神道教[6]儀式、傳統節日都少不了稻米，日本人甚至將「稻作」視為日本文化和自我認同的基礎。

為什麼日本人如此重視稻米呢？

東南亞等地雖然也盛產稻米，但對他們而言，水稻不過是眾多農作物的其中一種罷了。熱帶地區食物種類豐富，在「對手眾多」的情況下，自然難以脫穎而出。

日本列島是稻米的最北產地。

相較於麥類和其他農作物，水稻的產量非常之高，一粒種子可收割七百到一千粒稻米，其產量令其他作物自嘆不如。

以十五世紀歐洲的小麥產量為例，每次播種都只能生產三到五倍的量；反觀十七世紀的日本，每次種植水稻都有二十到三十倍的收成量，可見水稻的生產效率有多高。直到今日，水稻的收成量已高達播種量的一百一十倍到一百四十倍，小麥卻只落在二十倍左右。

此外，稻米的營養價值非常高，除了有碳水化合物，還富含優良蛋白質，以及均衡的礦物質與維生素。基本上，只要有米飯吃，該攝取的營養就差不多了。

稻米唯一欠缺的養分只有胺基酸中的離胺酸，而大豆則含有大量的離胺酸。就營養學的角度而言，日本人用白飯配大豆做的味噌湯其實是有道理的，畢竟這樣就「營養無敵」了。這也是日本人將米飯做為主食的原因之一。

至於麵包和義大利麵的原料——小麥，營養可就沒有稻米這麼均衡了。小麥缺乏蛋白質，所以吃小麥一定要配肉類。也因為這個原因，小麥只是眾

6. 日本的主要信仰。

多食材之一，無法登上「主食」的寶座。

## 適合種稻的日本列島

日本列島匯集了所有適合種稻的條件。

比方說，日本雨量豐富，正好能提供種稻所需的大量水源。日本年平均雨量為一千七百毫米，是世界平均值的兩倍以上。雖然偶爾也會缺水，但和乾燥地區和沙漠地帶比起來，水資源已是相當豐富。

日本位於「季風亞洲」。「季風亞洲」是指南亞印度到東南亞、中國南部到日本等區域，季風為該區帶來豐沛的雨量，所以稱為「季風亞洲」。

季風是怎麼來的呢？每到五月，亞洲大陸的溫度就會升高形成低氣壓，這時印度洋上空的高氣壓就會移往大陸，進而形成氣流。溼潤的季風上陸後遭到喜馬拉雅山脈阻擋，就會改往東邊吹，帶來可觀的雨量。

每到這個時期，亞洲各地就會進入雨季，日本列島則進入「梅雨季」。

這種高溫多溼的夏季氣候非常適合種植稻米。

那麼冬季呢？每到冬季，亞洲大陸就會吹起西北風，這股氣流被日本的山脈阻擋後會形成雲，導致日本沿海大量降雪。大雪雖不適合植物生長，但到了春天冰雪融化，雪水就會匯集成河，滋潤大地。

放眼全球，水資源豐富的國家相當少有，而日本就是其中之一。

## 稻田的出現

真要說起來，並非有豐沛的雨量就能栽種水稻。若沒有可儲水的耕地，水稻根本就種不起來。然而，開墾稻田卻是困難重重。

日本地形山高水急，只要山地一下雨，雨水就會直衝平地，在各地引發水災洪禍。也因為這個原因，日本平地多屬人類無法居住的溼地。看到這裡或許有人心想：「那搬到高地不就得了？」事情沒有這麼簡單，高地雨水流失太快，也無法儲水種稻。也就是說，多雨之地也不容易開墾稻田、種植水稻。

種稻必須從山上引水灌溉，讓河水流入整片稻田。於是，日本人開始將大河引至小河，再將小河引入稻田。這麼一來，便改善了雨水直衝大海的問題。山地的雨水有了緩衝，河水便不再湍急，更有時間滋潤大地。

經付出大量的勞力和時間，日本人終於將沖積平原改良為一塊塊的稻田。日本人的「墾田史」，儼然就是一段「急流控管史」。

常聽人說「稻田可發揮水庫的功用」，這裡所指的並非水庫的儲水功能，而是稻田可減緩急流，讓河水一點一滴滋潤大地，達到涵養地下水之效。

對日本人而言，「稻田」是再熟悉不過的景象，「稻田遍野之處」就是「什麼都沒有的鳥地方」。如果稻田被填平改建為便利商店，我們還可能會說：「這什麼都沒有的鳥地方終於開店了。」殊不知，這些稻田都是先人的心血，是他們披荊斬棘、篳路藍縷所開墾出的成果。

## 日本人的墾田史

河道旁或山腳處通常都有伏流水[7]流出，所以最早以前，日本人大多是在這兩處開墾稻田。隨著引水技術的發展，稻田才慢慢擴展至山腳處的扇狀地和盆地。雖然有所進步，卻仍深受地形限制，能開墾的範圍相當有限。

直到日本戰國時代[8]，日本的稻田面積才開始增加。

大多戰國武將都將據點設在山間的河道或盆地，而非在廣大的平原築城。這麼做一方面是為了利於防守，一方面是因為山間稻收豐碩，是戰國時代的糧倉。

許多地區因不適種稻，只能種植麥類、蕎麥，又或是紫穗稗、粟米等雜糧。戰國武將為了爭奪有限的糧倉地區，經常兵戎相向。

日本戰國時代將稻米產量稱作「石高」，武將之間為了提升石高，經

7. 指地面下的河流，又稱「暗河」或「地下河」。
8. 起始時間眾說紛紜，一般是以一四六七年發生的應仁之亂為始，一六一五年豐臣氏滅亡為終。

常與鄰國大動干戈來擴張領土。然而，戰國時代進入末期後，天下大勢已定，武將無法再擴展領土面積，若想增加稻米產量、增強實力，只能自行開墾稻田。於是，戰國武將開始在各地大舉開發新田。

戰國時代處處可見山城。挖壕溝、建土壘、蓋石牆、造城池……隨著土木技術愈來愈進步，他們開始在以往無法種稻的山間地帶開墾稻田，因而有了「梯田」的出現。

從戰國時代到江戶時代[9]初期，日本全國開墾了不少梯田。當時已能引水灌溉梯田，並使用堆建土壘的技術堆築田壟，即便是傾斜處也能儲水。不僅如此，還運用蓋石牆的技術開發出不易崩塌的穩固稻田，其中甚至可見有如「退敵石牆」[10]一般，愈往上愈趨於垂直的稻田，藉此擴展稻田的面積。

此外，當時還建蓋了防洪河堤，將以往的氾濫河岸改建為耕地，並開發供水用的人工渠道。

## 稻米的重要性

為什麼戰國武將如此致力於開墾稻田呢？

因為當時的「稻米」不僅僅是糧食，還可做為「貨幣」。在領地內開墾稻田不但可強兵，更可富國。要比喻的話，當時人墾田種稻就如同現代人投資理財。在利益的驅使下，武將和人民才對開墾稻田趨之若鶩。

日本自古實行金本位制[11]，以「金」做為價值基準。然而，金又少又貴，隨著經濟活動愈來愈發達，用金實在是不方便。

也因為這個原因，人們開始用「稻米」代替金做為價值基準。

現代人用錢用慣了，聽到古人把米當錢用，你是不是感到很新奇呢？我們之所以能用鈔票交換等價商品，是因為所有人都相信鈔票的價值。但其

9. 一八〇三年至一八六七年間。以德川家康於江戶（現東京）設置幕府為始，大政奉還為終。又稱德川時代。

10. 是一種下方斜度平緩，愈往上愈陡峭，上部近乎垂直的石牆，目的是讓攻堅者爬到上方後知難而退，故得此名。九州的熊本城即為此種石牆的代表性城池。

11. 以黃金為本位幣的貨幣制度。

實冷靜想想，鈔票不過是一張紙罷了，至少稻米還可以吃呢！食物是一種普世價值，無論你是富是窮，沒飯吃一樣得餓死。

不說別的，第二次世界大戰剛結束時，日本社會陷入一片混亂，導致戰爭期間發行的紙鈔淪為廢紙。再加上糧食不足，當時稻米就比貨幣跟昂貴的和服更值錢。

戰國時代日本貨幣尚未統一，各地流通的金錢不一。當時小判[12]的價值並不穩定，常有魚目混珠或造假的情形發生。相較之下，稻米就可信多了。畢竟是人總會肚子餓，總得吃飯對吧！

織田信長與豐臣秀吉致力於天下霸業，建立了「米本位制」的基礎，接下來的德川幕府則確立了完整的制度。

## 江戶時代的新田開發

江戶時代為日本開啟了太平之世。既然不能靠打仗擴張領土，領主就只能設法提升現有領土內的稻米產量，因此，各地大名[13]紛紛投入新田開發工作。戰國時代烽火連天，天下太平後大名無須掛心戰事，這才有閒有錢開墾新地。因此，江戶時代各地都在大興土木，新田大多集中在河川下游區的廣大平原。

開墾前，河川交織錯綜，溼地上長滿了蘆葦，有些泥巴較深的溼地根本就無法種稻。蓋了堤防後，河水流向受到控制，這才整頓了水路。原本的廣大荒土也搖身一變，成了一塊又一塊的稻田。江戶幕府趁勢開拓關東平原上的台地，填平沼澤，開墾大規模的稻田。

進入江戶時代後，日本的耕地面積增加為原本的兩倍。開墾新田在當時蔚為一股風潮，成了一種全民運動。大名的收入為徵收而來的稻米，稻田裡採收的稻米等同貨幣，拓展稻田、增加稻收儼然成了一種商業行為，而且還是筆大生意。

12. 日本古時流通的橢圓形金幣。
13. 日本古時對地區領主的稱呼。

因為上述原因，江戶時代的大名積極在平原墾地開田，建蓋城池，發展「城下町」[14]。之後，各區域的重心從狹窄山間移往廣闊的平原。現代日本人所居住的平原，大多都是始於江戶時代的「稻田開墾潮」。

## 為何稻米會成為貨幣？

江戶時代確立了「米本位制」，將稻米做為貨幣使用。

日本人是以稻米為主食，但因為食物種類眾多，沒有稻米也不至於餓死。既然如此，為什麼不用其他食物做為貨幣，偏偏選中稻米呢？因為稻米利於長期保存，又可長途搬運，相當適合當作貨幣。

此外，江戶時代的日本經濟雖然已開始起飛，但仍苦於天災和飢荒。若只著重於貨幣和黃金交易，很有可能陷入「有錢卻沒飯吃」的窘境。相對的，若以稻米為經濟中心，各地領主就會為了刺激經濟而設法增加糧產。這麼做就能在安定經濟基礎之餘，建構穩固的糧食管道。

然而，不斷開墾新田就有如無限印製鈔票。隨著各地糧產不斷增加，江戶時代的社會經濟也開始動搖。

農民要上繳多少稻米是依照收穫量而定。隨著新田開發活動愈發白熱化，農業技術日益進步，稻米的收成量也不斷增加，上繳量占總產量的比例愈來愈少。在這樣的大環境下，農民手頭寬裕許多，進而形成了繁榮的元祿文化[15]。

然而，這樣的泡沫經濟終究逃不過破滅的命運。

當稻米產量多到一定程度，稻米便開始貶值，其他東西的物價則開始上升——也就是所謂的「通貨膨脹」。

為了提升米價，德川吉宗[16]著手推行「享保改革」，致力重振幕府財政，因而享有「米將軍」的美稱。

14. 以城為中心的鬧區。
15. 江戶幕府成立後約一百年，年號改為「元祿」。「元祿文化」是指元祿時代（一六八八年至一七〇七年）以京都、大阪為中心發展的文化，崇尚富貴，庶民色彩濃厚。
16. 江戶幕府的第八代將軍，在位期間為一七一六年至一七四五年。

## 日本高密度人口的秘密

德川家康規劃都市計畫，打造出江戶這個城鎮。日後江戶發展為全球最大的都市，同時期的倫敦、巴黎等都市僅有四十萬人口，江戶則高達一百萬人，規模截然不同。

即便到了今日，東京[17]仍穩坐全球最大都市的寶座，都市圈人口超過三千五百萬人。

然而，隨之而來的卻是「人口過密」的問題。

其實不只東京，跟歐洲比起來，日本整個國家的人口都很密集。走訪歐洲你會發現，歐洲四處可見遼闊的田園景色，相較之下，日本到處都是民宅，狹隘而凌亂。

歐洲的田園風景可就不同了，一望無際的田野，村莊坐落於遙遠的另一端。看著看著不禁令人懷疑，這麼大一片菜園，村民真的吃得完嗎？

日本從江戶時代開始，村莊彼此都離得很近，多人也能共享少數農地。同樣是島國，十六世紀戰國時代的日本人口已是英國的六倍之多。為什麼日本能供養這麼多人口呢？這都得歸功於「稻田系統」與「水稻」。

歐洲是執行三圃式農業，循環利用農田，將農田一分為三，一塊種植馬鈴薯、豆類等夏季農產，一塊種植小麥，一塊休耕。小麥每三年只能耕種一次，為了維持地力，每塊耕地每三年就必須休耕一回。

相較於歐洲的三年輪作制，日本的稻田每年都在耕種和收成。一般作物是無法接連耕種的，就這點而言，水稻真是令人嘆為觀止。不過，古時日本是採取「二期作」的方式，水稻收成後就改種小麥。歐洲每三年才能收成一次小麥，日本卻只需要一年的時間，即可收成稻米和小麥兩種農作物。

讀完本章後相信大家都已明白，水稻是一種高收成作物，其產量明顯

17. 江戶為東京的前身。

比其他農作物高出許多。

歐洲因為收成較少，只能靠大面積耕種來提升產量。相較之下，日本的稻田只要悉心照顧，就能輕易增加收成，也因為這個原因，日本一般都是用心耕田，而非一味擴展農田面積。

水稻原產於東南亞，東南亞四處可見稻田。然而，氣候較溫暖的區域因食物種類豐富，稻米對他們而言，不過是眾多食物的其中之一。相對的，日本是最北的稻米產地，對日本人而言，稻米是優質的農作物，更是舉足輕重的糧食。日本自古就特別珍惜「稻米」，甚至孕育出稻米文化，農民對種植稻米格外用心。這份種稻技術成為日本民族的根基，形成注重協調又內向的日本民族性。

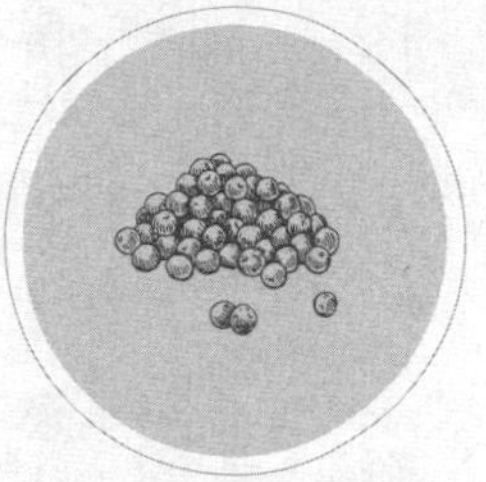

第三章

# 胡椒——令歐洲人望眼欲穿的黑色黃金

對歐洲人而言，家畜的肉品是珍貴且重要的食材。
然而，肉類有易腐敗難保存的問題。
辛香料有如魔藥一般，為歐洲人開創了奢侈的飲食生活，
讓他們隨時都能吃到美味肉品。

## 價比黃金的植物

很久很久以前，胡椒曾跟黃金一樣昂貴。

如今胡椒價格低廉，到處都買得到。相信各位在課本上讀到這段「胡椒黃金史」時，一定覺得很莫名其妙吧？

自古以來，家畜肉品就是歐洲人的貴重食材。歐洲氣候乾燥而涼爽，處處可見遍布禾本科植物的草原。人類無法食用禾本科的莖葉，只好將其做為牧草餵食草食動物，再以動物的肉為食。家畜的英文叫做「Livestock」，意為「活著的存貨」。

然而一到冬天，家畜便無牧草可吃。古歐洲不像現在有「青儲飼料」（藉由乳酸發酵來延長穀物保存期間的技術），當時就連刈草保存都無法做到，自然沒有足夠的飼料餵養家畜。

因此，歐洲人習慣在入冬前宰殺家畜，靠這些肉食度過漫長冬日。又因肉類容易腐敗，難以保存，所以只能將肉類風乾鹽醃。辛香料能防止肉類變質，保持肉類的美味，有如魔藥一般，為歐洲人開創了奢侈的飲食生活，讓他們隨時都能享用美味的肉品。

麻煩的是，胡椒對歐洲人而言是彌足珍貴的高級品。胡椒是原產於南印的熱帶植物，在阿拉伯世界和歐洲都種不起來。歐洲人要取得胡椒，只能遠從印度經陸路運送入歐，不但得花上高昂的運送費用，還不保證能夠安全送達。這麼一來，自然是物以稀為貴。不僅如此，胡椒要從印度送到歐洲，必須經過阿拉伯商人和威尼斯商人之手，各種通關稅和過路費加總起來，數字更是可觀。也因為這個原因，當時胡椒才會貴得如此離譜。

## 尋求胡椒之旅

一場十字軍東征，讓歐洲騎士嚐到了伊斯蘭食物的辛香味。

十字軍將胡椒等辛香料帶回母國後，中世紀的歐洲人個個望眼欲穿，羨慕至極。

當時很多歐洲人都心想：「若不透過陸路，改從海路將胡椒等辛香料船運入歐，必能賺取龐大的利益。」然而，這個計畫卻有如痴人說夢。

中世紀的歐洲船夫主要活動區域為地中海。

葡萄牙和西班牙等國因位於地中海的邊緣，較難在地中海進行貿易。也因為這個原因，西葡經常派船往外行駛。然而，光是沿著非洲大陸沿岸航行，就足以讓他們筋疲力盡。

西北非有一小海角名為博哈多爾角，那些船甚至無法跨越這個小海角。

對當時的歐洲人而言，海的另一頭是令人聞風喪膽、有命去沒命回的恐怖世界。然而，葡萄牙的航海家——恩里克王子卻勇於闖蕩禁地。行駛到博哈多爾角後，恩里克王子發現那裡有象牙、砂金等價格不菲的交易品，還有味道類似胡椒的「天堂椒」（Aframomum melegueta）。天堂椒屬於薑科，胡椒屬於胡椒科，兩種本為不同科屬，但天堂椒也可做為辛香料使用。之後世人將西非沿岸的天堂椒交易之處取名為「胡椒海岸」。

恩里克王子不僅帶回了天堂椒，還將肉體健壯的黑人帶回歐洲當奴隸。此舉既開啟了「大航海時代」，也開啟了奴隸貿易的黑暗歷史。

之後，狄亞士的船隊受葡萄牙國王之命出航，經過一番周折後，終於到達非洲南端的「好望角」。他們這才發現，船隊或許可以從大西洋航向印度洋。然而就在一四九二年，葡萄牙接獲一個驚天動地的消息——哥倫布航行到印度了。當時西班牙與葡萄牙互為競爭對手，西班牙因不滿葡萄牙搶得航海先機，所以資助哥倫布向西航行，以對抗葡萄牙的東航路線。

當時人深信哥倫布到達了印度，但現在我們已經知道，哥倫布當時登陸的，其實是位於美洲的西印度群島。

## 將世界一分為二的兩個國家

哥倫布登陸的雖非印度，卻是個資源豐富的所在。於是，西葡兩國開始爭相探索新大陸，接二連三開發殖民地。

其實，西葡兩國從很早就開始爭奪霸權，早在哥倫布發現新大陸以前，兩國就經常在登陸處引發爭端。一四九四年——哥倫布發現新大陸的兩年後，天主教教宗為了調解西葡之間的紛爭，撮合兩國簽署《托爾德西里亞斯條約》。

《托爾德西里亞斯條約》在大西洋的西經四十六度三十七分處畫了一條界線，並規定界線以東發現的土地全歸葡萄牙，以西則全歸西班牙。這麼一來，世界就被西葡兩國一分為二，葡萄牙占領了他們的老本營非洲，西班牙則擁有剛發現的未知土地——美洲大陸。

然而，其他歐洲國家卻對教宗的這份裁定非常不滿，進而導致荷蘭和英國脫離天主教。

簽訂《托爾德西里亞斯條約》後，西班牙開始在美洲大陸進行殖民統治，也就是在這個時期，他們征服了印加帝國。

現在仍有許多中南美國家是說西語，只有南美的巴西是說葡語。為什麼呢？因為當時是葡萄牙探險家發現了巴西，且巴西位於界線以東，所以歸屬葡萄牙。

西班牙統治美洲大陸後，打算繼續向西航行，往亞洲前進。為此，西班牙國王任命葡萄牙航海家——麥哲倫率領西班牙船隊。他的船隊從美洲出發，並成功橫跨了太平洋。令人遺憾的是，麥哲倫還來不及回到歐洲便一命嗚呼。他去世後，船上的部下繼續向西航行，成功環繞地球一周。

## 強國的殞落

一四九八年——哥倫布抵達美洲新大陸的六年後，葡萄牙探險家達伽馬往東航行抵達了印度，之後葡萄牙便為了取得胡椒而接連派船前往印度。

葡萄牙雖然賺得許多財富，卻逐漸走上沒落之路。他們開始與非洲交易後，陸續帶了許多黑奴回到國內。有了黑奴後，葡國農民愈來愈無意工作，導致生產力愈來愈差，政治人物和貴族也因為榮華富貴而日漸腐敗。

反觀其他國家，荷蘭脫離西班牙獨立後非常需要錢，一方面是荷蘭人想要擺脫西班牙的控制，一方面是因為荷蘭信奉新教，擔心遭到天主教迫害，所以他們非常積極想要取得亞洲的辛香料。

葡萄牙控制了東航道，西班牙控制了西航道，荷蘭錯失了東西先機，只能設法開發「北航道」——通過北極圈，從北方進入中國。然而，荷蘭的北航計畫終究是失敗了。英國為了開發新航路，也不斷派船隊出海探索，因而發現了澳洲和夏威夷群島。

歷經千辛萬苦，荷蘭終於成功拓展邦交，與亞洲國家發展出良好的關係。

為什麼說「歷經千辛萬苦」呢？因為西葡兩國為了獨占貿易，向亞洲國家宣稱荷蘭人是「蠻族」，只有西班牙人和葡萄牙人是白人。荷蘭人為了洗清污名，費了好一番工夫才獲得亞洲君主的信任。

西葡兩國的殖民統治既殘暴又充滿壓迫，導致最後自取滅亡，殖民霸權有如曇花一現。荷英兩國對此引以為鑑，在統治殖民地時便收斂許多。

最終，英國擊敗西班牙的無敵艦隊，荷蘭則在東印度群島上大破葡萄牙，荷英兩國終於取代西葡稱霸世界。

## 荷蘭的貿易統治

起初荷蘭受到西班牙的阻撓，海上貿易處處受限，因而將葡萄牙視為貿易靠山。後來荷蘭考量到若有一天葡國被西國併吞，荷蘭就會失去貿易門路，便著手開發取得辛香料的獨門管道。

各家貿易公司都想取得胡椒，競爭也相對激烈，導致原產地的胡椒價格居高不下。荷蘭國內也因為同業相爭，導致胡椒價格下降。為了解決競價問題，荷蘭將幾家貿易公司整頓為大型貿易公司，藉此獨占貿易權限。而這家公司，就是「荷蘭東印度公司」。

物以稀為貴——起初胡椒之所以昂貴，是因為亞洲到歐洲路途遙遠，運送相當不易。隨著航海技術日益進步，胡椒的供貨也愈發穩定，導致胡椒價格下跌。尤其在工業革命過後，蒸汽船將胡椒一批一批大量運入歐洲，胡椒也變得更加廉價。

當時胡椒是保存肉類的必須辛香料，但其實，王公貴族每天嚐盡山珍海味，只要有錢，隨時都能買到新鮮肉品。換句話說，胡椒不只是實用的防腐劑，更是一種身分地位的象徵。

胡椒曾經價比黃金，但隨著進口歐洲的辛香料種類愈來愈多，胡椒的價格也開始暴跌。為了尋求更多利益，東印度公司將目標轉移到了另一項交易品上，也就是後面會介紹的「茶」。

## 辛香料多產於熱帶的原因

歐洲人趨之若鶩的印度香料可不只胡椒，還有丁香、肉桂、肉豆蔻、薑……等。

為什麼歐洲人這麼需要辛香料，辛香料卻不產於歐洲，反而盛產於遙遠的印度呢？

原因出在歐洲的氣候陰涼，害蟲也較少。

熱帶地區和某些季風亞洲氣候較為溼熱，植物飽受蟲害和病菌的侵擾。為了避免昆蟲和病菌入侵，才在體內積存「辣味」。

## 日本的南蠻貿易

西葡兩國用《托爾德西里亞斯條約》將世界一分為二，然而，這份條約卻有一個重大瑕疵。

一五二二年麥哲倫環繞世界一周成功後，人們愈發體會到「地球是圓的」的真實性。即便在大西洋上畫一條線，規定以東歸葡萄牙、以西歸西班牙，雙方最後還是會在地球的另一端碰頭。

因此，繼《托爾德西里亞斯條約》後，西葡兩國又於一五二九年簽署了《薩拉戈薩條約》，於亞洲劃分勢力分界。

因此分線正好是以日本為界，西葡兩國都想將日本占為己有。

我們先來看看日本的歷史——

十六世紀，有艘船漂到了位於日本南部的種子島，將槍砲傳入日本。

這艘船正是葡萄牙的船，葡萄牙是歐洲第一個東向開發亞洲航線、造訪亞洲各國的國家。也因為這個原因，第一個造訪日本的就是葡萄牙船。戰國時代於日本傳教的天主教傳教士——路易士．佛洛伊斯就是葡萄牙人。同為傳教士的，還有奉葡萄牙國王之命到印度傳教的聖方濟．沙勿略。織田信長與豐臣秀吉都和葡萄牙進行過「南蠻貿易」[18]。

之後，西班牙也從西向航路通過美洲來到了日本。因貿易風[19]是由東往西吹，要從印度往東回到西班牙基本上是不可行的。於是，西班牙便利用西風帶，乘著日本海流航向美洲。

織田信長和豐臣秀吉的時代結束、德川家康掌權後，日本仍繼續和西班牙保持貿易往來。直到荷蘭向日本報告西班牙有意侵略日本，德川幕府才與西班牙斷交。西班牙只好改與仙台藩的伊達政宗聯手，伊達政宗還曾派出

「慶長遣歐使節團」赴西晉見西班牙國王。

與西班牙斷交後，德川幕府改於出島與荷蘭交易。幕府還在和西葡兩國來往時，本就只開放貿易，不允許傳教。而荷蘭因信奉新教，所以不像西葡等天主教國家一般進行傳教活動。

18. 指日本在十六世紀中至十七世紀初與西葡等國之間進行的貿易。
19. 即「信風」，每年都於固定時節往固定方向吹，古代商人常利用信風來往海上進行貿易，故得此名。

第四章

# 辣椒——哥倫布的煩惱與亞洲狂熱

哥倫布將他在美洲大陸發現的辣椒稱為「Pepper（胡椒）」。
難道他真的沒嚐過胡椒的味道嗎？
這當中其實是有「隱情」的。

## 哥倫布的煩惱

胡椒的英文是「Pepper」。

辣椒的英文是「Hot Pepper（辣胡椒）」或「Red Pepper（紅胡椒）」，改良自辣椒的青椒則叫作「Sweet Pepper（甜胡椒）」。

事實上，「胡椒」和「辣椒」是兩種截然不同的植物。胡椒是胡椒科的藤本植物，辣椒則和茄子、番茄同屬茄科植物。

要說它們味道相似嗎？倒也不是。胡椒的辣是辛香料特有的刺激性辣味，辣椒的辣則足以令人頭頂冒煙。

胡椒和辣椒明明八竿子打不著邊，為什麼都有個「椒」字呢？或許這和哥倫布發現新大陸後的「煩惱」有關。

## 哥倫布發現美洲大陸

哥倫布是生於義大利的探險家，他當初從西班牙出航大西洋的目的是抵達印度，最後卻在一四九二年陰錯陽差地發現美洲大陸。

然而，哥倫布卻「認為」自己到達了印度，也因為這個原因，美洲原住民「印第安人」的原意其實是「印度人」；加勒比海上的島嶼才被命名為「西印度群島」。

或許你會覺得把美洲大陸錯認成印度太過荒謬，但那是因為我們對世界地圖了然於心，也知道美洲和印度離得有多遠。反觀當時的歐洲人，他們相信只要沿著大西洋西進即可到達印度，對印度這片土地可說是一無所知。因此，哥倫布會有所誤會也並非全無道理。

然而，哥倫布的「誤會」卻不只這些。

哥倫布出航的目的是開發貿易航線，將胡椒從印度運回西班牙。當時胡椒是歐洲人保存肉類不可或缺的辛香料，而印度是胡椒的匯集處，亞洲各國都是將胡椒運至印度，再經由阿拉伯商人之手運送至歐洲。因阿拉伯商人獨占胡椒貿易，導致胡椒的價格一飛沖天，一度價比黃金。

令人不敢置信的是，哥倫布將他在美洲發現的辣椒稱作「胡椒」──「Pepper」。

胡椒是熱帶植物，就算歐洲人不知道胡椒長什麼樣子，也實在情有可原。即便是現代人，也很少有人知道胡椒是像牽牛花一樣攀緣而生吧？

重點是！

哥倫布出海就是為了尋求胡椒，他會不知道胡椒的味道嗎？

左思右想一番後，實在不禁令人懷疑，哥倫布是不是「故意」搞錯的。

當初哥倫布用兩個利多說服西班牙女王伊莎貝拉一世資助他出航，一是用貿易航路帶回辛香料，為西班牙開創龐大財富，二是尋找黃金之國吉龐[20]。

哥倫布開了這麼大張的支票，錢也拿了海也出了，總不能說聲「我沒找到印度」就了事吧？或許就是因為如此，哥倫布才硬著頭皮「指辣椒為胡椒」。他堅稱自己抵達的是印度，終其一生都在探索美洲大陸，尋找黃金之國吉龐。

辣椒就這麼傳入了歐洲。遺憾的是，哥倫布歷經千辛萬苦帶回的辣椒實在太辣了，跟胡椒的口味差太多，所以無法擄獲歐洲人的心，並未成為胡椒的替代品。

## 辣椒進入亞洲

西葡爭霸期間，用《托爾德西里亞斯條約》將世界一分為二，分界以東的非洲大陸歸葡萄牙管，以西的美洲大陸歸西班牙管。此後，西班牙便在美洲不斷開發殖民地。

葡萄牙退出美洲大陸後，達伽馬奉葡萄牙國王之命出航，並發現繞行

20. Zipangu，中世紀、近代歐洲對「日本」的稱呼。

非洲好望角可到達印度。在那之後，葡萄牙便由達伽馬航線從非洲到亞洲進行貿易。

一五〇〇年，葡萄牙人佩德羅航行到南美東岸。該地位於西葡勢力分界的東邊，目前為巴西所有。這也是巴西雖然在美洲，卻歸屬於葡萄牙的原因。

不過，葡萄牙船隊怎麼會抵達位於美洲大陸的新地呢？這一點至今仍真相未明，只知道他們當時正往東向印度航行，最後卻順著海流到達巴西。

無論如何，葡萄牙總算在美洲占住一席之地，並在那裡遇見了美洲原產植物——辣椒。

雖然歐洲人不喜歡辣椒，但辣椒對水手卻是好處多多。那時代的水手常因為缺乏維生素C而罹患壞血症，富含維生素C的辣椒正好能夠解決這個問題，所以遠航船裡經常能看見堆積如山的辣椒。

此外，葡萄牙人還將辣椒傳入了非洲和亞洲。

歐洲人對辣椒興趣缺缺，亞洲人和非洲人卻非常買帳，辣椒很快就成了亞非兩洲餐桌上的常客。

辣椒的辣味可抑制害蟲繁殖，非常適合用來保存生熟食。再加上吃辣可達到消暑和促進食欲的效果，亞洲與非洲天氣炎熱，本就習慣用各種辛香料入菜。也因為這個原因，辣椒不費吹灰之力便打入亞洲市場，成為「眾多」辛香料的一員。

不僅如此，辣椒還打敗了胡椒等其他辛香料，在亞洲和非洲建立了屹立不搖的地位。

比方說，印度咖哩本來只使用胡椒等香料，現在卻一定會加辣椒。東南亞料理也是無辣不歡，像是綠咖哩、酸辣湯等經典泰國菜；中國菜如四川料理也少不了辣味。

辣椒營養價值高又可促進排汗，非常適合熱帶地區的人民食用，藉以維持體力。

## 植物的魅惑成分

話雖如此，為何亞洲人會如此迷戀辣椒呢？

有些植物含有會讓人上癮的成分，像是大麻，又或是嗎啡和海洛因的原料罌粟。除了毒品，用來製造香菸的茄科植物——菸草也含有生物鹼尼古丁，具有高成癮性。

咖啡、紅茶、可可因受到全球人民的喜愛，素有「世界三大飲料」之稱。咖啡是用茜草科咖啡樹的果實製成，紅茶則是山茶科的茶葉，可可則源自梧桐科可可樹的果實。

事實上，這三種飲料都含有「咖啡因」。咖啡因是一種具有毒性的生物鹼，植物原本利用這種物質來防止被昆蟲或動物吃掉。咖啡因的化學結構和尼古丁、嗎啡雷同，具有振奮神經的功用。

咖啡因和香菸的尼古丁一樣會使人沉迷，產生心理依賴。世界上的植物這麼多種，唯一會讓人「上癮」的就只有含有咖啡因的植物。

不只是飲料，可可果做成的巧克力也含有咖啡因。此外，有種植物叫「可樂樹」，和可可樹同屬梧桐科，其果實——可樂果正是製作可樂的原料，同樣含有咖啡因。

吸食毒品是違法行為，適度飲用可樂和咖啡則能夠振奮身心兼提神。不過，這種特別吸引人的「成分」，或多或少都會讓人產生依賴性。

## 辣椒的魔力

言歸正傳，辣椒究竟具有什麼樣的「魅惑成分」呢？

辣椒中產生辣味的物質是「辣椒素」，植物利用這種成分來守護自己不被動物吃掉。然而，辣椒素卻能刺激人類的內臟神經，讓大腦分泌腎上腺素，達到改善血液循環的效果。

說來奇妙，人吃辣椒會覺得「辣」，但其實人類並不具有「辣」的味覺。人類之所以發展出味覺，是為了獲得生存所需的資訊。比方說，以苦味鑑定是否有毒、以酸味判斷食物是否腐壞；人類還未進化時，則是利用甜味來確認果實的熟度。人類舌頭可以感覺到酸、甜、苦，卻沒有感覺「辣」的部分。

問題來了，我們吃辣椒時所感覺到的「辣」是哪來的呢？

那其實是辣椒素強烈刺激舌頭所引發的「痛覺」。換句話說，你感到的「辣」其實是「痛」。

吃辣椒之所以可增進食欲，是因為身體吃進辣椒後，會盡快消化分解「疼痛的源頭」，進而刺激腸胃蠕動。此外，身體還會活化各種功能，以去除辣椒素中的毒素、將辣椒素排出體外，導致血液循環變快，出現流汗等反應。

你以為只有這些嗎？

大腦感受到辣椒素所引發的身體異狀後，甚至會分泌內啡肽。

內啡肽俗稱「腦內啡」，和嗎啡一樣可以止痛提神。身體受到辣椒素的痛覺刺激後將訊息傳到大腦，導致大腦判斷身體目前正在「受苦」，必須分泌內啡肽來緩解痛楚。也因為這樣的「陰錯陽差」，吃辣才會讓人沉浸在難以忘懷的快樂之中，感到難以自拔。

人類的心，就這樣被辣椒擄獲了。

## 胡椒的代替品

事實上，胡椒也含有類似辣椒素的成分。

胡椒的辣味來自「胡椒鹼」，這種化學物質可發揮與辣椒素相同的效果。

古時歐洲人之所以將胡椒視為珍寶，不僅是因為物以稀為貴，也是因為胡椒和辣椒一樣，具有「迷惑人心」的魅力。

辣椒比胡椒辣上百倍，人吃得愈辣，內啡肽的分泌量就愈多，進而沉浸在快樂之中。因此，就連吃慣辛香料的亞洲國家也抵擋不了辣椒的魅力，瞬間成了辣椒的俘虜。

## 自然界的異類果實

辣椒這種果實在自然界相當與眾不同。

一般植物之所以結紅果，是為了吸引鳥類食用果實，藉此散播種子。這也是果子成熟前又綠又苦、成熟後變紅變甜的原因。

重點是！

辣椒雖然是紅色的，卻一點都不甜，還帶有讓野生動物退避三舍的辣味。

「果紅則甜」——這是大自然與鳥類之間的「約定」。

現代人嗜辣，那些標榜「超辣」、「激辣」的零食和泡麵，大多都是以紅色包裝。看到「紅色」，一般人聯想到的不是「甜味」，而是令人頭頂冒煙的「火辣」。

辣椒和其他果實一樣，還沒成熟時呈綠色，熟了才變紅色。也就是說，辣椒也在召喚野生動物來「享用」它們。

然而，辣椒是很挑對象的。

猴子等哺乳動物對辣椒敬而遠之，鳥類卻一點兒都不怕辣。不信？各位可以餵雞吃吃看辣椒，牠們肯定吃得很開心。因鳥類不具有辣椒素的受體，所以完全感覺不到辣。對鳥而言，辣椒就跟番茄、草莓一樣香甜好吃。

為什麼辣椒會選擇鳥類幫忙散播種子呢？因為鳥類會飛，移動距離比動物長，可將種子傳播到較遠的地方。再加上鳥類不會咀嚼，是將種子囫圇吞下肚，消化道又比其他動物短，種子在體內較不易受到破壞。所以辣椒才選擇辣椒素這種只有鳥類感覺不到的物質來自保，你說是不是很妙呢？

## 辣椒進入日本

亞洲人不只喜歡吃辣椒，還很喜歡種辣椒。胡椒只能在熱帶地區存活，辣椒則可適應溫帶氣候，所以很多地方都有辣椒園。

一四九二年哥倫布發現美洲新大陸後，辣椒僅花了半個世紀的時間就傳入位於極東的日本。

辣椒的日文寫做「唐辛子」，意為「從中國傳入的辛辣物」。當時葡萄牙貿易船大多都是先到中國再到日本，所以日本才將辣椒取名為「唐辛子」。

這些葡萄牙貿易船經常帶來各式各樣的稀有植物，其中也包括不少美洲特產。

比方說，現代日文中的馬鈴薯叫作「Jaga Imo」，但最原始的稱呼其實是「Jagatara Imo」。這裡的「Jagatara」是指印尼的雅加達，意為「從雅加達傳入的薯類」，難道馬鈴薯產於雅加達？並不是。事實上，馬鈴薯原產於南美，葡萄牙貿易船在將馬鈴薯傳入日本前，先停靠了雅加達，所以才有了這麼個稱呼。當時貿易船上經常載著大量的馬鈴薯，除了可填飽肚子，還能補充維生素C，預防長期出海所引發的壞血症。

日本很多外來品都是從中國港口運過來的，像是番薯剛傳入九州時稱作「唐芋」，意為「從中國傳入的薯類」，從薩摩（現在的九州鹿兒島縣）地區傳到全日本後，才有了現在「薩摩芋」的稱呼。但其實，番薯的原產地是中美洲，而非中國。

其他還有很多例子，像是玉米原產於南美，在日本卻叫作「從中國傳來的雜糧」；南瓜原產於美洲，在日本卻有個別名叫「南京」，也就以中國的港灣城市來命名。

為什麼會這樣張冠李戴呢？這其實也情有可原，因為對當時的日本人而言，「外國貨」就幾乎等同「中國貨」。

不過，這些東西是由葡萄牙人傳來的，所以有時日本人也會稱玉米為「南蠻」，又或是將辣椒稱作「南蠻辛子」、「南蠻胡椒」。

日本各地都可見到辣椒園，收成的辣椒通常用來醃漬物品，又或是製成七味粉。

但奇妙的是，辣椒風潮席捲了全世界，卻沒有攻占日本人的餐桌。

為什麼呢？日本的飲食文化獨樹一格，較重視食材的鮮度，喜歡呈現食材的原味。一旦加入辣椒，食材的原味就會被辣味覆蓋，所以日本料理不太使用辣椒。

## 泡菜與辣椒

日本和韓國比鄰而居，雙方有許多相似之處，食物的辣度卻有如天壤之別。韓國料理無辣不歡，泡菜、韓式辣醬都使用了大量的辣椒。

日本叫辣椒「唐辛子」，韓國古書則將辣椒記作「倭辛子」，可見韓國原本以為辣椒是日本的東西。

一說認為，十六世紀末豐臣秀吉出兵朝鮮時，加藤清正[21]的部隊用辣椒調配毒藥，並將辣椒放入鞋裡以防腳掌凍傷，就此將辣椒傳入韓國。

「流傳」的路線本就難以捉摸，就拿流行服飾來說吧，我們很難知道某種服飾是由誰帶起、經由怎樣的路線流傳開來。辣椒也是一樣，經過各種傳遞的交織流動後，流傳路線已變得非常複雜。

文化的傳播就是如此，即便辣椒最先是由日本最南端的九州傳入韓國，韓國之後也可能將辣椒「反傳」回日本中央的本州。又或是攻打朝鮮時，其他日本士兵看到九州士兵使用辣椒，便將辣椒帶回故鄉，辣椒才就此在日本流傳開來。

總之，辣椒在傳入韓國後落地生根，融入當地的飲食文化，和日本完全是兩樣情。

為什麼會有如此差別呢？這其實和某個歷史事件有關。

日本鎌倉時代[22]後期，遊牧民族國家——元朝大軍跨海大舉進攻日本，這段元日戰爭在日本史上稱為「元寇」。在鎌倉武士的奮力抵抗和大颱風的襲擊下，日本才免於元軍的侵略。

元日戰爭發生時，朝鮮半島已是元朝的勢力範圍。

遊牧民族嗜肉，但日本和朝鮮半島原本都因信奉佛教而不能吃肉。朝

21. 江戶時代的熊本領主。
22. 一一九二年至一三三三年，鎌倉幕府掌權的時代。較廣為人知的將軍有源賴朝、源賴家……等。

鮮被元朝統治後，才開始養成吃肉的習慣。現在說到韓國料理，應該不少人會想到韓國烤肉或烤五花等肉餚吧？

種種原因之下，韓國也跟歐洲一樣必須設法保存肉品，辣椒也因此成為韓國人不可或缺的防腐辛香料。

日本因未被元軍占領，依舊實施佛教的禁肉令，所以辣椒在日本就沒那麼「流行」了。

## 辣椒由亞入歐

歐洲人將辣椒傳入亞洲後，立刻在亞洲掀起一股「辣椒風潮」。辣椒非常「理所當然地」融入亞洲的飲食生活中，自然到大家都忘了辣椒最初是從歐洲傳入的。後來甚至有歐洲船隊從亞洲「帶回辣椒」，向歐洲同胞介紹這種「新香料」，某植物雜誌還幫這種「新香料」取了個「印度胡椒」的稱號，辣椒儼然已成為亞洲的代表性辛香料。

歐洲人遠渡重洋來到亞洲尋求胡椒。比起那些新發現的植物，亞洲的辛香料更加值錢，辣椒也因此在歐洲流傳開來。

歐洲人吃不慣辛辣，所以選擇栽種青椒、甜椒等較為不辣的品種。綠色的青椒其實尚未成熟。植物的果實在成熟前會分泌苦味，以避免未熟就被動物吃掉。果實顏色變深後，味道才會變甜。然而，青椒的苦澀正是其美味之處。很多人都不知道青椒成熟後會變紅，苦味也會消失。

甜椒是色鮮味甜的成熟果實，屬於青椒的一種。順帶一提，日文中將甜椒稱為「Paprika」，這個字在匈牙利語中是「黑胡椒」的意思。看來時至今日，「甜椒」仍保存了人們對「胡椒」的記憶呢。

第五章

# 馬鈴薯——孕育出世界強國的「惡魔植物」

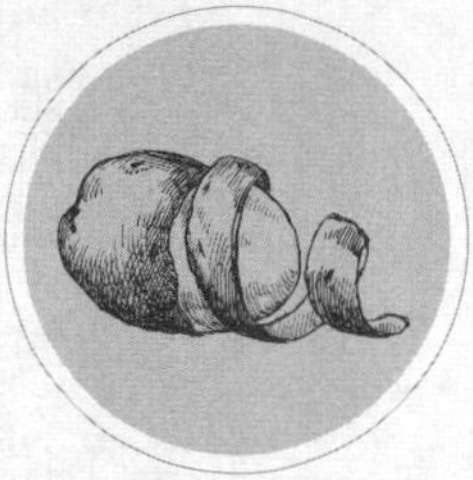

一場突如其來的植物疾病讓愛爾蘭的馬鈴薯全數枯萎，
因而引發大饑荒。
頓失食糧的愛爾蘭人民只好離開故鄉，
前往當時的新天地——美國。
這些移民在當地開花結果，子孫人才輩出。

## 瑪麗・安東尼的愛花

「沒有麵包何不食甜點？」——據說法國王后瑪麗・安東尼聽到國民飽受饑荒之苦時，只回了這麼一句話。這位王后最終因為難平眾怒，在法國大革命時被送上斷頭台公開處刑。

《凡爾賽玫瑰》是一部以法國大革命背景的漫畫。這部漫畫將瑪麗比喻為宮廷內的高傲玫瑰。而事實上，瑪麗確實對某種花朵情有獨鍾。

是凡爾賽「玫瑰」嗎？還是跟連載這部作品的漫畫雜誌——《瑪格麗特》同名的「瑪格麗特菊」呢？

都不是。

她所鍾愛的，其實是「馬鈴薯花」。

為什麼高貴的王后會愛上馬鈴薯花呢？這其實有一段淵源可循。

## 前所未見的農作物

馬鈴薯原產於南美的安地斯山脈。

哥倫布發現美洲後，歐洲人才知道有馬鈴薯這種植物。為什麼哥倫布沒有將馬鈴薯帶回歐洲呢？因為馬鈴薯田位於山地，而哥倫布主要是在沿海地帶探索，所以一直沒有機會「遇見」馬鈴薯。後來許多歐洲人追隨哥倫布的腳步來到南美，才在十六世紀將馬鈴薯正式帶入歐洲。

歐洲因為土地瘠薄，一直以來都只能種植麥類。而馬鈴薯生命力強韌，在貧瘠的土地也能夠生長，這對歐洲人而言簡直有如救世主降世一般。如今馬鈴薯已是歐洲料理中不可或缺的食材，德國菜中就有許多馬鈴薯料理。

事實上，馬鈴薯當初也是花了一番工夫才打入歐洲市場。

歐洲不產「薯類」。原產於美洲大陸的馬鈴薯，對歐洲人是相當陌生的作物。

薯類多產於雨季旱季分明的熱帶。這種植物在雨季拚命生長綠葉，並將養分儲存在位於土裡的薯塊中，藉此度過旱季。

馬鈴薯原產於南美洲安地斯山脈。該處雖然海拔較高，氣候涼爽，但仍屬於熱帶地區，有雨季和旱季之分。除了馬鈴薯，番薯也原產於熱帶氣候的中美洲。與日本人生活密不可分的芋頭、蒟蒻芋來自東南亞，山藥原產於中國南部，珍珠的原料——木薯則源於中南美的熱帶地區。

歐洲的農耕地帶屬於地中海型氣候，夏溼冬乾，植物多長於有雨的冬季。地中海沿岸地區的主要作物——小麥也是秋季播種、冬季生長。除了小麥，根菜類如白蘿蔔、蕪菁也是歐洲的常見作物，這類蔬菜只將葉子探出地面進行光合作用，再將養分存在土裡的根部。

如上所述，以前的歐洲人只看過白蘿蔔等根菜類，對薯類則是一無所知。

## 魔鬼植物

歐洲人不認識馬鈴薯，不時就有人因誤食馬鈴薯的綠芽而中毒。馬鈴薯的芽和已經變綠的地方是不能吃的。事實上，馬鈴薯本身含有「茄鹼」這種毒素，只是薯塊處無毒。茄鹼的毒性相當強，食入後會引發頭暈嘔吐等中毒症狀，僅需四百毫克就能致命。

馬鈴薯屬於茄科植物，不少茄科植物都有毒。

像是女巫常用的有毒植物——莨菪、顛茄、曼德拉草等，都是茄科植物。在日本有「鬼見草」之稱的東莨菪也屬茄科，因吃了會產生「見鬼」的幻覺，故得其名。其他有毒的茄科植物還有洋金花、酸漿等。

馬鈴薯就連葉子也有毒，因歐洲的馬鈴薯中毒事件層出不窮，導致「馬鈴薯有毒」的陰影在歐洲人的心中揮之不去。再加上馬鈴薯表面凹凸不平，歐洲甚至出現「吃了這種醜陋植物會罹患痲瘋病」的無稽之談。

當時馬鈴薯在歐洲不受歡迎還有一個原因，那就是《聖經》裡並未提到馬鈴薯。根據《聖經》記載，神創造的植物是用種子發芽生長，馬鈴薯卻是用塊莖，這讓馬鈴薯成了歐洲人眼中的異類植物。在西方人心中，《聖經》未記載的植物就是魔鬼之物，馬鈴薯也就此被貼上「魔鬼植物」的標籤。

中世紀歐洲曾一度盛行「獵巫運動」。

在這樣的風氣之中，馬鈴薯這個「魔鬼植物」也被推上了審判台。世上的生物皆是透過雌雄結合來繁衍子孫，馬鈴薯卻只要以莖作種即可繁殖，這讓當時人認為馬鈴薯有「性別不純」之嫌，因而判決馬鈴薯有罪，並將之處以「火刑」——將馬鈴薯丟入火堆燒掉。可想而知，馬鈴薯的「行刑現場」肯定是香氣四溢，不知當時旁觀的人是否也為這股香味而垂涎三尺呢？

## 推廣馬鈴薯的代價

古時歐洲人視馬鈴薯為「魔鬼植物」，他們不吃馬鈴薯，而是將馬鈴薯做為珍奇植物觀賞。

不過，還是有部分有識之士相中馬鈴薯的強韌生命力，將之視作歐洲的重要糧食。馬鈴薯是一種非常特別的薯類，就連在安地斯山脈這種貧瘠高地都能夠栽種收成，所以在氣候陰涼的歐洲也能夠生長。

因不敵饑荒，各國王室開始設法推廣馬鈴薯。問題來了，要怎麼推廣這個世人心中的「魔鬼植物」呢？

英國女王伊麗莎白一世左思右想，決定先在上流階級推廣馬鈴薯。為此，她特地舉辦了一場馬鈴薯派對，並廣邀貴族王室參加。然而，因派對的廚師對馬鈴薯並不了解，竟將馬鈴薯的葉子入菜，導致伊麗莎白一世茄鹼中毒。

這麼一來，「馬鈴薯有毒」的印象在英國人心中就更加根深蒂固了。伊麗莎白一世的推廣行動，反而讓馬鈴薯很晚才在英國普及。

## 馬鈴薯對德國的重要性

德國北部因氣候寒冷，一直為飢荒問題所苦。中世紀的歐洲國家經常與鄰國起衝突，糧食短缺將導致國貧兵弱，推廣馬鈴薯也因此成了德國的迫切課題。

當時的馬鈴薯有如過街老鼠人人嫌，統治德國北部的普魯士國王——腓特烈二世為了向國民推廣馬鈴薯，每天都「以身作則」吃馬鈴薯，並於國內舉辦馬鈴薯的巡迴推廣活動。為了「營造」馬鈴薯的重要性，腓特烈二世特命軍隊鎮守馬鈴薯田，藉此吸引國民對馬鈴薯的注意力。他偶爾還會以武力逼迫農民種植馬鈴薯，若農民抗令，就施以削鼻剁耳之刑。腓特烈二世的行為令國民心生恐懼，卻很快就讓馬鈴薯在德國普及。

時至今日，馬鈴薯仍是德國菜中不可或缺的重點食材。

## 「德國馬鈴薯」

翻開日本居酒屋的菜單，幾乎都能看到「德國馬鈴薯」這道德國菜。事實上，這個名字並非德國人所取，而是外國人幫這道德式料理取的名字。日本料理中也有不少這樣的例子，比方說，「廣島燒」和「富士宮炒麵」其實都是外地人的叫法，當地人稱之為普通的「什錦燒」和「炒麵」。

「德國馬鈴薯」是將馬鈴薯用德國香腸、培根炒製而成的料理，在德國是再常見不過的家常菜。

馬鈴薯不但可以填飽人的肚子，還可拿來餵食牲畜。

歐洲多畜牧，然而德國北部因天氣冷冽，一到冬天就一片冰天雪地，導致家畜無草可食。牛隻需要大量的牧草才能分泌足夠的牛奶，人類為了確保冬天也能攝取足夠的蛋白質，只能將夏天擠的牛奶製成較耐放的乳酪，並儲存牧草，以餵養冬日寥寥無幾的家畜。

相較之下，馬鈴薯既耐放產量又多，除了可供人類冬日食用，還可做為家畜飼料。

不過，牛是不吃馬鈴薯的，所以德國人一般是將馬鈴薯拿來餵豬。這也是德國菜常見豬肉料理的原因，像是培根、火腿、香腸等，都經常和馬鈴薯一起端上桌。

在馬鈴薯出現以前，歐洲主要是以穀物為食，馬鈴薯普及後，才愈來愈多歐洲人有肉可吃。

## 路易十六的策略

馬鈴薯在歐洲各國日漸普及，唯有法國人遲遲未能接受馬鈴薯。當時在法國的馬鈴薯主要推廣者為帕門提耶男爵。法國和德國（普魯士王國）打七年戰爭時，帕門提耶曾被德國俘虜，因當時馬鈴薯已是德國的重要糧食，帕門提耶遭俘後，就是靠吃馬鈴薯撿回一條命。

歐洲爆發大饑荒後，法國曾懸賞徵求可代替小麥的救荒食物，帕門提耶便建議王室於國內推廣馬鈴薯。

為了幫馬鈴薯做宣傳，法國國王路易十六將馬鈴薯花別在衣服的釦洞上，瑪麗王后也開始佩戴馬鈴薯花。此舉宣傳效果極佳，法國的王公貴族開始在庭園內種植馬鈴薯，爭相以馬鈴薯花為美。

馬鈴薯成功在貴族間傳開後，路易十六和帕門提耶開始在國營農場種植馬鈴薯，並大動作派兵駐守馬鈴薯田，昭告天下：「這種植物叫作馬鈴薯，非常美味又富含營養，是要種給王室貴族吃的，偷竊者將處以重刑。」

看到這裡一定有人心想：「路易十六不是要在民間推廣馬鈴薯嗎？怎麼又讓貴族獨享馬鈴薯呢？」

這其實是路易十六的智策，他故意讓軍隊只在白天鎮守國營農場。農場白天戒備森嚴，晚上卻沒什麼人看守，不少民眾在好奇心的驅使下，於深夜悄悄潛入農場盜挖馬鈴薯。在路易十六的巧思下，馬鈴薯才在法國民間普傳開來。

## 凋零的薔薇

路易十六和瑪麗王后是法國史上惡名昭彰的國王王后。據傳，路易十六對瑪麗言聽計從，兩人享盡榮華富貴，過著極為奢侈的生活，因而引發眾怒，雙雙於法國大革命時被送上斷頭台。然而，近來卻有研究指出，這些指控大多為惡意中傷，瑪麗其實是個愛護國民的好王后。

本章開頭介紹了「沒有麵包何不食甜點？」的故事。事實上，這句話並非出自瑪麗之口，而是路易十六的阿姨——維多瓦爾公主。維多瓦爾當時說的其實是：「沒有麵包何不食布莉歐？」現在布莉歐是昂貴的法國點心，但在那個時代，價格卻只有麵包的一半。

路易十六和瑪麗王后實際上到底是什麼樣的人物？如今我們已不得而知。唯一能確定的是，他們為了解救法國飢荒，曾竭盡全力推廣馬鈴薯。

歷史是由勝者所寫。

於是，這位為了拯救人民而鍾愛馬鈴薯花的王后，就在斷頭台上如薔薇般凋零了。

## 肉食天堂

馬鈴薯在歐洲普及後，歐洲各國的國力迅速攀升。在引進馬鈴薯前，歐洲因為氣候寒冷，人民經常吃不飽，只能不斷侵略他人領土奪取糧食。然而，長年打仗反而使得田地荒蕪，導致哀鴻遍野，民不聊生。

小麥無法在冷冽的氣候中存活，馬鈴薯卻可以，且在瘠薄的土地也能夠生長。兵荒馬亂之中，麥田經常被夷為平地，但馬鈴薯位於土下，多少還是能夠有所收成。

馬鈴薯穩定了糧源，解決了飢荒，歐洲各國的人口因而不斷攀升。勞動力增加後，才發展出日後的工業革命，加速工業進展。

不僅如此，馬鈴薯還開啟了歐洲人的肉食生活，翻轉了歐洲的飲食文化。

歐洲畜牧業發達，要吃到肉卻不容易。他們養馬是為了拉車運貨，養牛是為了犁田耕地，可以擠奶卻不能宰來吃。那麼羊肉呢？棉花原產於亞洲，直到棉花傳入歐洲之前，羊毛是歐洲人製作衣物的重要材料，所以也不能吃綿羊肉。

如前所述，馬鈴薯因耐放又多產，冬天也可以拿來餵豬。以前歐洲人只有春季到秋季能養豬，又因為冬天缺少飼料，能養的數量相當有限。每每入冬前，就只能將寥寥可數的豬隻製成鹽醃豬肉，以確保冬季的肉食來源。有了馬鈴薯後，一年四季都可以養大量豬隻。

此外，人們開始吃馬鈴薯後，原本吃的大麥、黑麥等麥類就可以拿來餵牛。

這麼一來，歐洲人在冬季也能吃到新鮮的豬肉和牛肉，各種肉類料理如雨後春筍般冒出，進而發展出肉食文化。

## 大航海時代的必需品

馬鈴薯於十六世紀就傳入歐洲，花了兩、三百年才傳遍歐洲各國。那麼日本呢？事實上，早在十六世紀末——日本的戰國時代末期，馬鈴薯就已傳入日本。

大航海時代，歐洲各國船隊縱橫七海，水手們卻飽受壞血症之苦。當時長期在外航行的船員經常出現皮膚黏膜出血、身體發疼等情形，這種疾病奪走了許多水手的性命。

就拿第一個成功環遊世界一周的葡萄牙船隊來說吧，麥哲倫當初帶了兩百七十名船員出海，最後卻只有十八人平安回到葡萄牙。雖說長途航海本來就有著重重的危險，但人員損失會如此慘重，壞血症就是其中一個主要原因。

除了麥哲倫船隊，同為葡萄牙人、發現南非好望角航線的達伽馬船隊也受盡壞血症的折磨。據說達伽馬的一百八十名船員中，就有一百人因壞血症而喪命。

直到二十世紀人類發現維生素C後，才知道壞血症是因為缺乏維生素C所引發。在這之前，壞血症被視為原因不明的恐怖病症。因航海生活無法攝取蔬菜，所以水手特別容易罹患壞血症。

馬鈴薯富含維生素C，自從船隊開始帶馬鈴薯出海後，罹患壞血症的船員便大幅減少。

因馬鈴薯耐放又可預防壞血症，船隊每次出航都會攜帶滿坑滿谷的馬鈴薯。航程也因此變得更為穩定，遠航也不再是問題。

於是，歐洲船隊陸續抵達遠在東方的日本，而當時在歐洲不受歡迎的馬鈴薯，也隨著船隊遠渡重洋，一批一批來到日本。

## 馬鈴薯進入日本

馬鈴薯最早是由荷蘭人從長崎港傳入日本。

當時荷蘭人來日本之前，都會先停靠Jagatara，也就是現在的雅加達。如前所述，日本以前稱「馬鈴薯」為「Jagatara Imo」，意為「從雅加達傳入的薯類」，後來才簡稱為「Jaga Imo」。

戰國時代到江戶時代初期，歐洲人帶了許多稀奇蔬果來到日本，其中包括了番薯與南瓜。這些作物和馬鈴薯一樣源於美洲，在哥倫布發現新大陸後才傳至全球各地。

因番薯和南瓜味道甘甜，江戶時代的日本人很喜歡種這兩種作物。相較之下，馬鈴薯吃起來既不甜又沒什麼味道，當時日本人對馬鈴薯並不買帳。

馬鈴薯單吃很清淡，和肉類卻是絕配。直到明治時期[23]日本人開始吃肉後，馬鈴薯才慢慢普及，日本人也開始用馬鈴薯煮咖哩和燉肉。

23. 日本年號，指明治天皇在位的一八六八年至一九一二年。

## 日本各地的馬鈴薯

從很久以前開始，靜岡縣大井川上流的山間就種有名為「荷蘭薯」的馬鈴薯。如其名所示，該馬鈴薯來自荷蘭，至今仍為當地農民所種植。

其他地區也從江戶時代開始種植各類馬鈴薯，像是宮崎縣的「庄野樹薯」、愛媛縣的「地薯」、德島縣的「源平薯」、奈良縣的「洞川薯」、長野縣的「二度薯」、山梨縣的「富士種馬鈴薯」、東京的「都留老婆薯」……等。

這些馬鈴薯產地有一個共通點，那就是都分布於「中央構造線」沿線。「中央構造線」是日本最大的斷層帶，這條斷層從日本九州、四國連接到近畿南部，再從天龍川經過赤石山脈，一路延伸到關東。日本自江戶時代以來，馬鈴薯田都分布在這條斷層的附近。

中央構造線因磁場較弱，沿途也有不少以「能量」、「氣場」為特色的景點，像是九州的阿蘇山、宇佐神宮、天岩戶神社、四國的石鎚山、近畿南部的高野山、伊勢神宮、中部地區的豐川稻禾神社、秋葉神社、諏訪神社、關東地區的鹿兒島神宮……等，都是知名的「能量景點」。

此外，中央構造線附近地形較為陡峭，斷層破碎帶和變質岩地帶多為容易崩塌的礫石，缺少供作物生長的表土。在如此嚴峻的環境下，其他作物幾乎都無法生存，馬鈴薯也因此成為重要糧食。馬鈴薯原產於南美的安地斯山脈，高海拔的涼爽氣候對馬鈴薯而言可說是如魚得水。

江戶時代的文獻對馬鈴薯的評價不高，但是，即便未留下特別的記載，馬鈴薯還是一山傳過一山。

山梨縣的鳴澤地區有種傳統食物叫「凍薯」，也就是將馬鈴薯從地底挖出後放置一段時日，讓馬鈴薯於晚上自然結凍，於白天自然解凍。待馬鈴薯軟化後再自然乾燥，達到冷凍乾燥保存的效果。

令人驚訝的是，馬鈴薯的原產地——安地斯山也會用類似做法來製作乾馬鈴薯，在當地名為「丘紐」。

## 愛爾蘭的悲劇

英國女王伊麗莎白一世茄鹼中毒後，進一步加深了英國人民對馬鈴薯的戒心，導致馬鈴薯一直到十九世紀才在英國普及。不過，北方的愛爾蘭因為土地貧瘠，早在十七世紀就開始種植馬鈴薯，十八世紀後，馬鈴薯甚至成了愛爾蘭的主食。

愛爾蘭的人口於十九世紀初僅有三百萬人，開始吃馬鈴薯後大幅增加為八百萬人。

到了一八四〇年代，一場突如其來的植物疾病侵襲了愛爾蘭的馬鈴薯田，導致馬鈴薯嚴重歉收。當時愛爾蘭在飲食上已離不開馬鈴薯，這場歉收引發了一百萬人餓死的大饑荒。

為什麼會如此嚴重呢？問題其實出在愛爾蘭的種植方法。

馬鈴薯是營養繁殖型的作物，只要種植塊莖即可生長增殖。因此，愛爾蘭全域只種植產量最多的某種品種。種植單一品種會發生什麼事呢？假設這種品種無法抵抗某種疾病，一旦不幸發生傳染病，整區的馬鈴薯都會遭殃。

也因為這個原因，傳染病發生後，全愛爾蘭的馬鈴薯無一倖免。當時並非沒有農藥，但當時的農藥是專為製酒的葡萄所設計。馬鈴薯屬於新作物，所以農藥對馬鈴薯的疾病完全起不了作用。

安地斯山脈為了避免馬鈴薯染病後全軍覆沒，一直都是種植複數品種的馬鈴薯。這麼一來，無論哪種病菌入侵，總有品種能夠倖存。但這是因為安地斯山脈是馬鈴薯的原產地，其他地方並沒有這麼多品種可供選擇。

愛爾蘭自古本就多飢荒，後來才開始依賴馬鈴薯。對愛爾蘭人而言，馬鈴薯歉收無疑是一種致命傷。

當時英國將愛爾蘭視為附屬國家。然而，愛爾蘭面對此等災禍時，英國的反應卻相當冷淡，導致愛爾蘭人民對英國非常不滿。

這次事件甚至催化了後來的愛爾蘭獨立運動。

## 異鄉人與美國

大饑荒爆發後，愛爾蘭人無糧可食，只好出走故鄉前往新天地——美國，據傳當時移民高達四百萬人。

十九世紀中葉到後葉，美國結束西部開拓，正準備推動工業。這時愛爾蘭人大量移民美國，正好提供美國工業化和近代化所需的大量勞力。在這群人的支持下，美國國力日漸增強，終於超越英國成為世界第一大工業國家。

美國前總統約翰·甘迺迪的曾祖父——派翠克·甘迺迪就是愛爾蘭移民。約翰·甘迺迪是推動美國月球探測計畫的重要人物，年紀輕輕四十三歲就當上第三十五任美國總統。如果沒有這場愛爾蘭大饑荒，人類或許就無法登陸月球了。

甘迺迪家是人才輩出的美國名門，除了約翰·甘迺迪總統，還出了許多知名的政治家與企業家。除了甘迺迪，雷根、柯林頓、歐巴馬等多位美國總統也都系出愛爾蘭。創立迪士尼的華特・迪士尼、創立麥當勞的麥當勞兄弟，祖先也都來自愛爾蘭。一場愛爾蘭大饑荒，對之後的美國造成了莫大的影響。

歷史不談「如果」，但我還是忍不住感嘆，如果當時馬鈴薯沒有歉收，現在或許就沒有美國這個超級強國。

## 咖哩飯的誕生

說到「咖哩」，一般人都會想到「印度」。但其實，第一個做出「咖哩飯」的是英國人。

「咖哩」一詞語源不詳，一般認為源自泰米爾語中的「Kari」，意為菜肉餡料，一說則認為「Kari」是淋在飯上的醬料。

英國將印度納為殖民地後，將所有使用辛香料製成的菜餚都稱作「咖哩」，並用印度的米飯和馬薩拉（多種香料混製而成的調味料）做成咖哩飯。華倫・黑斯廷是英國第一位印度總督，也是將咖哩傳入英國的始祖。北印度吃麵餅，南印度吃米飯，華倫當時派駐在印度南部的孟加拉地區，這才建議英國人將米飯和咖哩醬拌在一起吃。聽到英國人吃米飯，你是不是也覺得有點不習慣呢？其實對英國人而言，「米飯」比起說是主食，更像是蔬菜。也因為這個原因，他們對「米飯加咖哩醬」這套組合並不排斥。

之後英國還用各種香料混製出「咖哩粉」，有了咖哩粉後，咖哩成了家家戶戶都可煮食的料理。英國水手以前是用牛奶作燉菜，但因為牛奶保存期限很短，後來便改用耐放的咖哩粉作燉菜，並加入當時的航海必備食物——馬鈴薯。

就這樣，英國海軍開始以咖哩飯為食。

印度咖哩呈稀薄汁狀，據說英國海軍為了在搖晃的船上吃咖哩，才改良成濃稠湯汁。

如今日本人人愛吃的「咖哩飯」，便是源自當時的濃稠咖哩。

## 日本海軍的煩惱

全世界的船員都吃盡了壞血症的苦頭，但奇妙的是，壞血症並未對日本海軍造成太大的傷害。為什麼呢？一是因為日本人愛吃富含維生素C的醬菜，二是因為日本人愛吃豆芽菜（大豆本身不含維生素C，發芽長成豆芽菜後方能產生維生素C）。

日本海軍雖然不愁壞血症，卻飽受腳氣病之苦。

因日本江戶曾流行腳氣病，所以腳氣病又有「江戶病」之稱。當時此病症原因不明，很多外地人到了江戶後就出現手腳發麻發腫、疲倦不已等症狀。神奇的是，只要從江戶回到家鄉療養，這些惱人的症狀就會自動消失。也因為這個原因，古時日本人將「江戶病」視為江戶特有的病症。

然而，進入明治時期後，江戶病開始擴散到日本各地，其中又以軍人罹病居多，甚至有人因此喪命。一位名叫「森林太郎」的醫生認為此病是由病菌造成，年輕氣盛的他不惜遠赴德國留學尋找病原菌，最後卻空手而歸。

這位「森林太郎」，正是遠近馳名的日本作家——森鷗外。

現今已知腳氣病是缺乏維生素B1所引發。德川時代江戶人已不吃富含維生素的糙米，改吃奢華的白米，所以才會出現這麼多腳氣病患者。進入明治時代後，日本全國都改吃白米，腳氣病也因此擴散到各地。而軍隊因為經常食用白米，所以腳氣病問題才會特別嚴重。

當時一位名為高木兼寬的日本軍醫發現，軍官階級較少罹患腳氣病，卻不清楚為何會有這樣的差別。這其實是因為當時軍官多吃西餐，西餐中的肉類和馬鈴薯都富含維生素B1，所以軍官通常沒有腳氣病的問題。

後來日本海軍開始引進西餐，一九〇二年與英國結盟共同抗俄後，日軍開始模仿英國海軍吃咖哩飯。日俄戰爭結束後，士兵結束服役各自回家，咖哩飯才在日本家庭間流傳開來。

不僅如此，日本海軍還將咖哩飯的咖哩粉換成日本人習慣用的砂糖和醬油，改造為「馬鈴薯燉肉」。這道料理現今成了日本人家家戶戶最為熟悉的「媽媽的味道」。

第六章

# 番茄——改變全球飲食的鮮紅果實

番茄是世界產量第四多的農作物。
番茄源自美洲大陸，後經歐洲傳入亞洲，
在短短幾百年之內就改變了全球飲食文化。

## 同樣產地兩樣情

番茄和馬鈴薯都源自南美的安地斯山脈，且同屬茄科。

大多茄科植物都原產於美洲，像是番茄、馬鈴薯、辣椒、菸草等，廣為園藝界所喜愛的碧冬茄也是原產自南美的茄科植物。

然而，安地斯人吃馬鈴薯，將馬鈴薯視為重要糧食，但他們不吃番茄，只有墨西哥的阿茲特克人種番茄。

番茄和馬鈴薯一樣，是在哥倫布發現新大陸後，才從美洲傳入歐洲。

據說首位在美洲發現番茄的歐洲人，正是征服阿茲特克文明的艾爾南・科爾特斯。

就這樣，番茄於十六世紀由美入歐。番茄傳入歐洲後，並沒有像馬鈴薯一樣成為歐洲的重要糧食。歐洲人有很長一段時間都排斥番茄，番茄花了整整兩百年，直到十八世紀才被歐洲人所接納食用。

## 番茄的冤屈

為什麼番茄花了這麼久的時間才打入歐洲市場呢？說來遺憾，因為歐洲人以為番茄有毒。

番茄所屬的茄科植物大多都有毒。像是有「惡魔草」之稱令人聞之色變的顛茄、法術用的曼德拉草等，都是有毒的茄科植物。番茄因為外型跟這些茄科植物相似，才不得歐洲人喜愛。

馬鈴薯剛傳入歐洲時，歐洲人也將之視為毒物，避之唯恐不及。幸好有些人有先見之明，看中馬鈴薯做為糧食的重要性，經過一番努力推廣後，才廣傳到歐洲各地。相較之下，番茄就沒有馬鈴薯那麼重要，自然沒有推廣的必要。

馬鈴薯塊的綠色部分以及芽、葉子都含有茄鹼這種毒素。以前的馬鈴薯吃起來帶有澀澀的苦味，經人類改良後，才變得較為順口。

番茄只有莖和葉有毒，紅色果實雖然無毒，但吃起來有番茄特有的生澀味。這股生澀味也是番茄不受歡迎的原因之一。

## 「過紅」的果實

鮮紅的番茄看了令人垂涎欲滴。

紅色有刺激副交感神經之效，令人食欲大增。只要在綠色的生菜沙拉放上幾顆鮮紅番茄點綴，美味程度立刻加倍。

「紅」是鮮甜熟果的代表色。

植物結果是為了吸引鳥類食用，讓鳥類將果肉連種子吃下肚，再將種子隨糞便一起排出體外，藉此將種子傳播到遠處。

人類的祖先猿猴也會吃森林裡的果實，紅色代表成熟與美味，哺乳類中只有猿猴類能辨認紅色。因此，果實的顏色對猿猴而言格外重要，人類看到紅色才會垂涎三尺。

雖然我們常用「由綠轉紅」來描述果實成熟，但實際上，很少植物含有鮮紅色素，大多植物只能用相近的色素讓果實看起來更紅潤，像是葡萄和藍莓中含有紫色素「花色素苷」，柿子和橘子中含有橙色素「類胡蘿蔔素」。

那麼，蘋果呢？蘋果一般給人「鮮紅色」的印象，但仔細觀察你會發現，蘋果其實是紫紅色的。蘋果為了讓果實呈紅色，巧妙地結合了紫色（花色素苷）和橙色（類胡蘿蔔素）兩種色素。

反觀番茄，因含有亮紅色素「番茄紅素」，果實呈現出鮮豔的紅色。只能說番茄是「鮮紅反被鮮紅誤」，歐洲人就是因為從未看過如此鮮紅、紅得彷彿不屬於這個世間的果實，才會下意識地覺得番茄有毒。

## 當番茄遇到義大利麵

番茄有很長一段時間都是觀賞用植物，拿坡里王國是第一個食用番茄的國家。西班牙從美洲帶番茄回歐洲時，拿坡里王國還在西班牙的統治之下，義大利也尚未建國。

曾有這麼一說，當時拿坡里王國發生飢荒，人民餓得前胸貼後背，只好吃番茄果腹。

拿坡里確立了義大利麵的大量製造技術，他們將義大利麵與番茄糊結合，做成「拿坡里義大利麵」。還有一道用番茄醬炒製而成的「日式拿坡里義大利麵」，則是第二次世界大戰結束後日本設計出的餐點。

拿坡里剛用番茄糊入菜時，番茄並非高級食材。當時拿坡里義大利麵是路邊攤賣的粗食，一般是用大鍋子煮好後讓工人徒手抓來吃。拿坡里人最早是何時開始吃這道料理的呢？這個問題目前已不可考，但可以確定的是，十七世紀末就有人這麼吃了。

此外，拿坡里還是比薩的發祥地。披薩一開始也是路邊攤小吃，十八世紀時，窮人用麵粉做成餅皮，再將番茄放在餅皮上食用。

當時全歐洲只有拿坡里吃得到番茄糊，所以人們將番茄糊製成的料理稱作「Napoletana」，也就是「拿坡里風」。

番茄原為異國植物，後來卻大大改變了義大利的飲食文化，晉升為義大利料理中不可或缺的食材。

## 番茄衣錦還鄉

番茄自美洲傳入歐洲後，食用的人愈來愈多。後來番茄甚至從英國傳到美國，從歐洲「反攻」美洲。

歐洲人開始吃番茄一段時間後，番茄在美洲仍遭忌遭嫌。直到第三任美國總統傑佛遜上任後，番茄才開始在美國普及。當時美國人將番茄和馬鈴薯視為毒物，人人避之而不及。曾在歐洲吃過番茄的傑佛遜總統，為了向大家澄清這兩種食物並沒有毒，經常在人前吃給大家看。

美國接納番茄後，開發出改變全球飲食文化的調味料——番茄醬。

番茄醬的英文為「Ketchup」，這種醬料最早可追溯到中國古代製造的魚露——「茄醬」，傳到東南亞後才稱為「Ketchup」。

歐洲人在亞洲嚐過「Ketchup」後，回到歐洲使用海鮮、菇類、水果做出類似的味道，之後這種調味料便統稱為「Ketchup」。

英國人遷往美國這塊新天地後，想吃「Ketchup」又礙於食材有限，只好拿美洲盛產的番茄來製作，這才有了現在的「番茄醬」。

於是，「Ketchup」這個稱呼便沿用至今。事實上，英國除了有番茄製的「Ketchup」還有蘑菇做成的「Ketchup」。但番茄儼然已成為「Ketchup」的主要原料，現在說「Ketchup」基本上都是指番茄醬。

之後番茄醬在美國勢如破竹，迅速形成「番茄醬飲食文化」。如今炸薯條、漢堡、歐姆蛋都少不了番茄醬。

## 紅色果實席捲全球

玉米是全球產量最高的植物，位居第二、第三的則是小麥和水稻，這三種農作物有「世界三大穀物」之稱。第四名是馬鈴薯，第五名是大豆，番茄則位居第六，產量緊追在這些重要糧食之後。

也就是說，番茄是除了主要糧食外全球產量最多的作物。

番茄經常和義大利畫上等號。然而，說到全球五大番茄產地，義大利卻並未入圍。即便是大量生產番茄醬的美國，也只居於季軍之位。問題來了，番茄到底都是哪裡來的呢？

聽到答案你可別嚇到，全球番茄產量冠軍是中國，亞軍是印度。中印兩國人口多，消費量也高。十七世紀大航海時代過後，歐洲船開始頻繁進出亞洲港口，番茄也隨之傳入亞洲。短短幾百年之內，番茄就改變了全球的飲食文化，如今番茄在中菜和印度菜中都是不可或缺的食材。

全球產量最高的玉米、小麥、馬鈴薯、大豆等都屬於「糧食」，相較之下，番茄只不過是眾多食材之一。番茄加熱後也不會流失鮮味，所以經常做為其他食物的調味料。

看到鮮紅的番茄，你是否也覺得它跟蘋果一樣是「水果」呢？但與其說番茄是「甜點」，它更常被拿來加熱做成菜餚。就這點而言，番茄似乎比較偏向「蔬菜」。

究竟番茄的「真面目」是蔬菜還是水果呢？

## 番茄到底是蔬菜還是水果？

就植物學的角度而言，番茄是植物的果實，屬於水果。

然而，歐洲人幾乎不拿果實入菜。對他們而言「水果」是「甜點」，既然是甜點，就要像蘋果或葡萄一樣又香又甜。

除了番茄，被拿來入菜的果實還有茄子和黃瓜。但茄子和黃瓜都是亞洲食物，在歐洲並不常見。

如果吃的部位不是果實而是其他部位，在歐洲才叫「蔬菜」。

如前所述，植物學中的「水果」是指植物的果實。就這點而言，番茄確實是水果。但「水果」一詞也有廣義的用法，一般是將當甜點吃的叫「水果」，入菜烹調的叫「蔬菜」。

也就是說，「蔬菜」和「水果」並非由自然界分類，而是由人類決定。因此，番茄既是蔬菜，也是水果。

看到這裡或許有人心想：「無所謂吧，番茄是蔬菜還是水果有差嗎？」當然有差！事實上，這個爭議在十九世紀時還曾鬧上美國法庭。

當時植物學者主張番茄是水果，此案最後上訴至美國聯邦最高法院，最後高院以「番茄並非甜點」為由，判決番茄為蔬菜。換言之，番茄在植物學上雖然是水果，在法律上卻是蔬菜。

話說回來，為什麼這件事會鬧出官司呢？

當時蔬菜進口美國必須徵收關稅，水果則免。美國官員（徵稅方）認為番茄是蔬菜，進口業者（繳稅方）則主張番茄是水果，所以才會交給法院判決。

目前番茄在某些國家是蔬菜，在某些國家是水果。那日本呢？

事實上，英文的「Fruits」跟日本的「果物」定義略有不同。

英文的「Fruits」是指植物的果實，而番茄正是植物的果實；日本的

「果物」源自於「樹之物」一詞，是指「會長成樹木的果實」。也就是說，對日本人而言，「水果」是指能長成樹木的果實。

蘋果和柿子會長成樹，但番茄不會，所以番茄在日本並非水果。日本農林水產省將木本植物視為水果，草本植物則歸類於蔬菜。番茄因屬草本植物，所以在日本是蔬菜。

同理，草莓、哈密瓜因屬於草本植物，在日本也被歸類為蔬菜。

第七章

# 棉——「長羊的植物」與工業革命

十八世紀後葉，為了滿足社會對低價棉織品的需求，
英國發生了一場重大社會變革。
蒸汽機的出現讓人工邁向機械化，
工廠開始大量生產物品。
這場變革，就是耳熟能詳的「工業革命」。

## 人類的第一件衣服

亞當與夏娃只用樹葉遮蔽重點部位，可見人類一開始是以「樹葉」為衣。

原始人以樹葉纏身蔽體，古代人則以編草或取植物纖維製衣。這些方式看在我們現代人眼裡或許既落伍又過時，但其實，我們身上穿的衣服是由石油提煉的人造纖維所製成，假設今天沒了石油，我們還是得回過頭來依賴植物。

古時所有衣物都是用植物做的。

日本將這些製衣用的植物稱作「麻」。

日本人從各種植物中取出纖維，像是大麻科的大麻、錦葵科的苘麻、蕁麻科的苧麻、亞麻科的亞麻……等。

除此之外，日本人還會用稻草和芒草編製蓑衣，用薹草編斗笠當雨帽，用藺草編製榻榻米的表層。

高級布料則有「絹」。

絹是用蠶絲紡織而成的布料，因蠶以桑葉為食，古時為了紡絹，處處可見桑田。

「棉」也是纖維的原料之一。

大多纖維植物是利用纖維增加莖部韌度，讓莖呈直立狀態，人類則從莖部提取纖維製成布料。

然而，棉的纖維不在莖部，而是果實。棉為了保護種子，結果時會長出柔軟的纖維包住棉籽，而這些柔軟的纖維就是「棉花」。

## 草原地帶與動物毛皮

草原地帶因植物較為稀疏，所以是用動物製作衣服。

從很久很久以前，原始人就以動物毛皮為衣。過了很長一段時間，人類才學會用保暖性較佳的輕量動物毛、鳥類羽毛製作衣服，其中又以綿羊毛製成的衣物品質為佳。

早在農耕生活開始前，人類就已懂得飼養山羊和綿羊。山羊對人類而言是非常重要的家畜，不但可提供羊肉、羊奶，還可製成羊皮。然而，綿羊卻擁有一樣山羊沒有的東西，那就是「羊毛」。

羊毛出在羊身上，每逢季節交替，野生綿羊就會大量脫毛，這些羊毛也成了古時貴重的製衣資源。人類為了取毛製衣，才開始餵養綿羊。

## 長「羊」的植物

進入中世紀後，歐洲人見識到一種既稀奇又神奇的植物——棉。

在植物學中，棉可大略分成四種，其中有兩種源於印度。自古印度文明時期開始，棉織品就已是印度的主要產業。

中世紀時，棉製品從印度傳至歐洲。棉織品柔軟又暖和，不僅穿起來非常舒適，重量還非常輕，令歐洲人嘆為觀止。

最令歐洲人驚訝的是，這種又輕又暖的布料，竟然是用植物製成的。當時歐洲衣物主要是用羊毛等動物毛纖維紡織而成，聽到「棉」是植物，他們都感到非常不可思議，還以為是一種長「羊」的植物呢！

## 工業革命的引爆點

現代工業社會始於十八世紀英國的工業革命。

事實上，「棉」就是引爆工業革命的植物之一。

印度棉布品質雖好，傳入歐洲後卻並未立刻造成流行。一直到十七世紀，英國東印度公司開始到印度貿易後，棉布才在英國蔚為一股風潮。這對英國在地的毛織業造成相當大的衝擊，導致後來英國政府發布禁令，禁止進口印度棉布。

然而，政府的介入並未影響棉布的高人氣。最後英國乾脆直接進口棉花，在國內設置工廠，手工製作棉織品。

英國開始製造棉布後，棉製品的聲勢不斷高漲。人們為了生產更多棉布而絞盡腦汁，卻還是供不應求。

俗話說，需要是發明之母。

自出現「飛梭」這種簡單的工具後，事情開始出現了改變。

織布必須穿通緯線，布的面積愈大，這道手續就愈是困難，沒有助手幫忙就無法處理。飛梭上因裝有滾輪，不費工夫即可穿通緯線，大幅提升了織布的速度與效率。

然而，織布的效率提升了，紡紗的速度卻依然不夠快，千盼萬盼，終於有人發明了紡紗機。在工具的輔助下，製棉的效率日益提升，分工也愈來愈細，工廠的規模也隨之擴張。

為了滿足社會對低價棉織品的需求，十八世紀後葉英國發生了一場重大的社會變革——「工業革命」。人們發明出以煤為動力的蒸汽機，機械取代了人工作業，工廠開始大量生產物品。

工業革命爆發後，工廠開始低價生產棉織品。這為傳統印度紡織業帶來了致命的衝擊。

## 奴隸制度的出現

有了大量生產棉布的技術，自然需要大量的棉花做為原料。然而，歐洲寒冷的天氣並不適合植棉。

到了十九世紀，印度的棉花產量已無法供應英國社會的龐大需求，英國只能另尋棉產地。

當時美國已在種植菸草，但礙於香菸並非必需品，價格較不穩定。相較於香菸，美國更看重英國社會對棉的需求，因而開始種植棉花。

美國地大遼闊，多得是土地可開闢棉花田。問題是，當時是用手工採收棉花，棉籽雖然柔軟，果實卻長有尖刺，收成相當費工費時，堪稱重體力勞動。

當時美國還是「新天地」，想當然耳，並沒有足夠的勞力可採收棉花。為了解決這個問題，美國從非洲引進了大量黑奴。美國用棉花賺進了大把鈔票，眾多黑奴卻成了植棉犧牲品。

於是，美國將大量棉花賣給英國，由英國用機器將棉花製成各種物品送至非洲，再將大量黑奴從非洲運往美國。貿易船頻繁往來英、美、非三地，形成三角航線，故有「三角貿易」之稱。

## 《解放奴隸宣言》的真相

美國北部的主要產業為工業，所以希望政府可以對英國進口的工業產品徵收高額關稅。相對的，美國南部因經常出口棉花到英國，其經濟在棉花出口產業的帶動下開始急速發展，貿易保護主義對他們不利。在這樣的情況下，北部力求保護貿易，南部支持自由貿易，導致南北因利益衝突而形成對立，最後發展成南北戰爭。

南北戰爭爆發後，美國棉花的出口量銳減。北軍為了斷絕南軍的經濟命脈，封鎖了南部港口。令人意外的是，南軍也主動限制了棉花的出口量，藉此讓英國陷入「缺棉」窘況，主動幫忙攻打北軍。

林肯總統為了阻止英軍出兵，特地發表了《解放奴隸宣言》，強調這場戰爭的目的是解放黑奴。林肯的戰略果真奏效，他成功遏止英軍介入戰爭，並拿下最終的勝利。

## 消失的鹹海

因南北戰爭而「缺棉」的可不只英國。

俄國因氣候嚴寒，非常需要棉織品保暖。為了解決缺棉問題，俄國開始在自己的國內種植棉花。此外，中亞的突厥斯坦地區也成了產棉地，以前位於突厥斯坦地區的烏茲別克，現在已成為世界屈指可數的產棉國家。

全球各地開始植棉後，種植技術愈來愈發達，產量也日益增加。因植棉必須灌溉，突厥斯坦地區只能引取鹹海的湖水灌溉，進而發展出完善的灌溉設施。

鹹海是全球第四大湖泊，面積幾乎和整個日本東北地區一樣大。其豐富的湖水滋潤了乾燥的土地，養育了一塊又一塊的廣大棉田。

然而，資源並非取之不盡。此舉導致鹹海的水位日益降低，曾經一望無垠的湖泊，二十世紀初竟分裂成大小兩塊。之後鹹海的水量仍不斷減少，現在甚至瀕臨消失。

鹹海的消失破壞了周遭的生態系統，許多生物因此滅絕。於鹹海捕魚維生的漁民也頓失生計，不少漁村都面臨了廢村的命運。水量變少，海水的鹽分濃度升高，如今剩下的鹹海已成為死海。

這是一場棉花所引起的悲劇，噢不，正確來說，植物是無罪的，人類才是這場悲劇的罪魁禍首。

## 棉花與日本汽車產業

棉是何時傳入日本的呢？

據說是平安時代[24]初期，印度船隻漂流至日本愛知縣三河地區，就此將棉花種子帶入日本。

三河地區台地廣闊，因水源不足灌溉不易、無法開墾稻田，所以很早就開始種植較為耐旱的「三河木棉」。

日本濱名湖西岸的遠州地區到矢作河東岸的三河地區自古就產棉花，棉織產業也相當興盛。

一位名叫豐田佐吉的男子，見母親夜以繼日、不眠不休地織布，便發明了木製人力紡織機。之後更以此為本，創立了豐田自動織機公司。如今這家公司已發展為鼎鼎大名的車廠——豐田汽車。

24. 紀元七九四年至一一九二年，為日本古代的最後一個時代。

另一家濱松的紡織機廠商，則用紡織技術製作出摩托車和輕型汽車，這間公司就是現在的鈴木。

在棉織技術的輔助下，才孕育出這些日本代表性的汽車大廠。

## 棉花與地區產業

棉在貧瘠之地也能生長，再加上容易變賣，所以日本進入江戶時代後，各地大名都相當鼓勵農民植棉。

棉早在千年前就傳入日本，一開始日本卻鮮少農民種棉，主要仍從中韓兩國進口，棉布也成了物以稀為貴的高級貨。直到江戶時代開始推廣植棉後，平民百姓才有機會接觸到棉織品。

還記得前面曾提過推行享保改革的江戶第八代將軍——德川吉宗嗎？據說他追求粗茶淡飯的生活，平時都穿木棉和服。由此可見，到了江戶時代棉花已相當普及，棉織品也從「高級貨」搖身一變成為「簡樸」的代表。

江戶時代日本各地都開始種棉，其中又以瀨戶內海沿岸、九州填海地最為興盛。填海造田後土壤鹽分過高，但因棉屬於耐鹽品種，所以影響並不大。此外，填海地種棉還可享地利之便，就近出口棉花。

這些區域開始種棉後，紡織業也隨之興盛起來，為現今瀨戶內海地區、北九州工業區的機械產業和海運打下優良的基礎。

如今這些區域的纖維產業依舊非常發達，像是愛媛縣今治市鼎鼎大名的今治毛巾、以製造牛仔褲、學生制服聞名的岡山縣倉敷市，都位於瀨戶內海地區。

第八章

# 茶——鴉片戰爭與咖啡因的魔力

對歐洲人來說，
紅茶是一種神秘飲品，令人如痴如醉。
英國不斷花大把銀子向清朝購買茶葉。
為了彌補錢銀的缺口，
他們開始策劃賣鴉片給清朝……

## 長生不老藥

秦始皇相信飲用某種飲料可長生不老。

這種飲料被視為中國最古老的藥材，據說神農嚐百草時，每每嚐到毒草，都是靠這種藥草解毒。

到底什麼植物竟有如此神效，連秦始皇都對其趨之若鶩呢？事實上，或許你手上就正拿著呢！這種靈藥就是「茶」。

唐代詩人盧仝在《走筆謝孟諫議寄新茶》一詩中寫到：「一碗喉吻潤，二碗破孤悶，三碗搜枯腸，惟有文字五千卷。四碗發輕汗，平生不平事，盡向毛孔散。五碗肌骨清，六碗通仙靈。」

現在幾個銅板就可以買到罐裝茶，到餐廳只要跟店員說聲「給我一杯茶」，就可輕易得到秦始皇所嚮往的「靈藥」。

茶原產於中國南部，古時為了方便運送，是將茶葉製成塊狀的「茶餅」，要飲用時才將茶葉削下煎煮。

茶與中國佛寺有著不解之緣。唐代禪宗大興，當時佛寺就是將茶當作打禪時打瞌睡的提神藥。

既然是提神藥，磨成「藥粉」更好飲用。到了宋代，中國人開始將茶磨成粉末泡來喝，也就是所謂的「抹茶」。

## 日本的抹茶文化

宋代時，日本派遣留學僧到中國佛寺學習佛法。留學僧學成後，將茶籽和抹茶技術一同帶回日本。日本臨濟宗的創始人——榮西還寫了一本書叫《喫茶養生記》，積極推廣茶文化，因而獲得「茶祖」的稱號。

受到中國的影響，日本寺院也開始飲用抹茶。

令人想不到的是，後來「抹茶」竟在發起地中國消失了。

茶在中國原為富人和貴族的飲料。明朝開國皇帝——朱元璋為了讓庶民百姓也能喝茶，下令廢除製作不易的茶餅，改推廣容易飲用的「散茶」。抹茶也因此在中國銷聲匿跡。

抹茶於宋代飄洋過海到日本，在日本發揚光大，還與日本的「侘寂精神」[25]結合成「茶道」，在這個極東島國形成獨樹一格的文化。

之後一直等到英國光榮革命，茶才橫跨歐亞大陸，遠渡重洋傳到這個西洋島國。

## 貴婦的下午茶時間

茶是從中國廣東佛寺傳入日本的。

「茶」用廣東話發音是「chá」，所以日語稱茶為「cha」。印地語、蒙古語、俄語、波斯語、土耳其語中的「茶」叫「chai」，可見這些國家的茶都是從廣東經陸路（絲路）傳入的。

十六世紀後，歐洲開始和中國貿易，中國開始從福建省的港口出口茶葉。福建省稱「茶」為「te」，所以歐洲才會叫茶「Tea」。

綠茶和紅茶喝起來味道不同，但本屬同種。

茶葉中有多酚氧化酵素，在酵素的作用下，茶葉採收一段時間後便會氧化。蘋果切開後，過一段時間表面就會變色不是嗎？這跟茶葉發酵是一樣的道理。紅茶就是由氧化後呈紅黑色的茶葉製作而成。

綠茶則是採茶後立刻加熱，抑制茶葉中多酚氧化酵素的活性，讓茶葉保持綠色。

中國自古至今多喝綠茶，但礙於歐洲路途遙遠，只能選擇味道較不易受損的紅茶做為出口商品。

茶葉具有藥效，又長途跋涉遠從中國而來，在英國自然是物以稀為貴，只有王室貴族才喝得起。

對歐洲人而言，茶是來自東洋的神秘飲品。

即便在科技進步的現代，「印度深山草藥」、「安地斯草藥」聽起來

25. 為日本傳統美學，為「不完美」、「無常」、「質樸」之結合與體現。

仍具有奇效。

最早接觸到茶的歐洲國家是哪國呢？

答案是荷蘭，他們是第一批在中國喝到茶的歐洲人。且荷蘭不只跟中國交好，與日本也有邦交，之後還將日本的飲茶文化帶回荷蘭。傳教士在分享他們在東洋的奇聞珍見時，還特別強調茶是身分尊貴者在進行某種莊嚴儀式時喝的飲品。這裡的「莊嚴儀式」，應該就是指風行於戰國武將之間的「茶道」。

英國發生光榮革命後，國王遭流放，議會從荷蘭將威廉三世迎回英國登基為王。其王后瑪麗二世將茶傳入英國，在上流貴婦間蔚為一股風潮。

自古至今人們對王室都抱有憧憬，王室所用之物總能在民間引發跟風潮流。

英國貴族做事多假傭人之手，但招待客人喝茶時，卻多由貴族親力親為。下午茶會也因此成了一種高尚而優雅的儀式。

在茶傳入以前，英國多喝阿拉伯半島進口的咖啡，街上的咖啡館儼然成了女賓止步的男人交誼廳。女性因被咖啡館拒於門外，便開始自行舉辦茶會。慢慢的，街上開始出現茶館，男人也開始上茶館「把妹」，咖啡館也因此逐漸沒落。

這讓人不禁感嘆，縱觀古今，幾乎都是女性在引領時代潮流啊！

## 茶與工業革命

現代工業化社會始於十八世紀的英國工業革命。上一章我們介紹了工業革命的導火線──「棉」。工業革命不但降低了棉織品的價格，還形成了「工人階級」這個新社會階層，而這些工人都非常喜歡喝紅茶。

以前英國很害怕痢疾桿菌這種經水傳播的病菌，因擔心感染，農夫開始以酒代水。

然而，工人既沒有休假，工廠裡到處都是機器，總不能喝得醉醺醺地工作，所以非常愛喝含有抗菌成分的茶。這麼一來，就算不用滾水沖泡也不用擔心病菌蔓延，再加上茶有提神醒腦的效果，非常適合工人飲用。

## 美國獨立戰爭的導火線

除了工業革命，茶還助了美國獨立一臂之力。

當時英法兩國為了爭奪霸權，發動了一連串的北美殖民地戰爭。英國為了彌補戰爭的龐大花費，開始對英國進口殖民地的商品課稅。

而其中一個商品就是茶。

美洲大陸原為荷蘭的殖民地，在荷蘭的影響下，美國的上流人士非常喜歡喝紅茶。之後英國入主美洲，美國人依舊不改喝紅茶的習慣。當地人民為了躲避茶葉稅，開始從荷蘭走私茶葉。為此英國政府於一七七三年特別制定了《茶葉法令》，嚴格取締私茶。

為抵抗英國的高壓制度，一七七三年十二月，一群美國人襲擊了英國運茶船，並將船上全數茶葉丟入波士頓港毀棄。這件事後來被人稱作「波士頓茶葉事件」，又因為茶葉入海後將海水染成褐色，而有「波士頓茶會」之稱。

事件發生後，英國採取了一連串的強硬措施，並於一七七四年下令關閉波士頓港。此舉引來美國人民的不滿，於隔年一七七五年發動獨立戰爭。

基於對英國人的反感，美國人捨棄了紅茶，改為飲用咖啡。為了讓咖啡味道更像紅茶，美式咖啡採用淺焙的方式，煮出來的咖啡較為清淡。順道一提，日本的「美式咖啡」多指「較清淡的咖啡」，但實際上，所謂的美式咖啡其實是「淺焙咖啡」。

如今美國的咖啡消費量為全球第一，大名鼎鼎的星巴克就是美商。而獨立戰爭正是美國咖啡文化的起源。

不過，獨立戰爭是由喜歡喝茶的富裕階層所發起，重心位於美國北方。美國南方因種植棉花，當時仍不斷輸出棉花至英國，為英國的紡織業提供原料、賺取外幣。若沒了英國，南部就沒了經濟支柱，導致南方不願脫英。相對的，北部卻急於脫離英國經濟獨立。

雙方的想法背道而馳，導致南北對立日漸加深，終於在一八六一年爆發南北戰爭。

獨立戰爭過後，美國較難從英國進口紅茶，只好試著在氣候較為溫暖的南方種茶。然而，還沒來得及成功，茶園就在南北戰爭期間化為焦土。

## 茶與鴉片戰爭

紅茶在英國普及後，平民也開始喝紅茶，喝紅茶儼然成了一種全民運動。紅茶成了英國人生活與產業中不可或缺的產品，需求量也隨之大增。即便如此，茶對英國人而言仍是來自東方的神秘飲料，要喝就得大費周章跟中國進口。

英國人愈是愛喝紅茶，跟清朝政府的進口量就愈大，白銀也有如流水一般不斷流向中國。再加上中國對英國的貿易品並無需求，導致英國的貿易赤字單方面不斷擴大。

屋漏偏逢連夜雨，正當英國為錢發愁時，手上的金雞母——美國又獨立了。英國為了彌補逆差，開始籌劃新的「三角貿易」。

工業革命後，英國將供過於求的棉織品銷往殖民地印度，印度傳統紡織業也隨之瓦解。於是，英國改在印度種植毒品的原料罌粟，將罌粟製成鴉片賣給清朝商人。這麼一來，英國就可將棉品賣給印度，將印度產的鴉片賣給中國，再從中國進口茶葉，藉此回收跟中國買茶的白銀。

想當然耳，中國不會對鴉片貿易視而不見。為改善鴉片問題，清朝政府開始取締並扣押英商的鴉片。然而，英國卻主張自己有貿易自由，不肯就範。中英雙方的衝突愈發激烈，終於在一八四〇年爆發鴉片戰爭。

鴉片戰爭開打前，西洋各國都認為中國是一頭沉睡的獅子，對之充滿恐懼與戒心。沒想到，這頭睡獅卻在鴉片戰爭中一敗塗地，失勢之餘，還簽下不平等條約，淪為半殖民地狀態。

## 茶對日本的影響

中國這個天朝大國輸掉鴉片戰爭後，西方各國蠢蠢欲動，打算在亞洲瓜分殖民地，東亞也因此陷入動盪不安。

清朝的戰敗給了鄰國日本一記當頭棒喝。日本見西歐各國軍力強大，非常擔心祖國淪為殖民地。在危機感的驅使下，許多有志之士起義推翻江戶幕府。明治時代，日本以舉國之力推行「文明開化」[26]，最後成功躋身強國之列。

然而，很多人都不知道「茶」是日本富國強兵的幕後大功臣。

當時西方各國對中國的茶葉和絲絹趨之若鶩，日本見狀，也開始致力生產這兩種物品。

大政奉還[27]後，江戶幕府第十五代將軍——德川慶喜退至駿河（現靜岡縣）隱居，許多大臣也隨之移居駿河。

進入明治時期後，政府推出廢藩置縣[28]政策，不少大臣都因此失業。駿河自江戶時代便以產茶聞名，舊幕府大臣——勝海舟認為可利用產茶優勢來出口茶葉、賺取外幣，便鼓勵武士墾荒種茶。

經武士開墾後，駿河的荒地升格為日本第一大茶園——牧之原台地。而出口茶葉賺到的外幣，則成了日本發展近代化的經濟基礎。

## 印度紅茶的出現

說到「紅茶」，應該不少人都會想到印度產的大吉嶺紅茶與阿薩姆紅茶吧？

鴉片戰爭結束後，英國發現自己太過依賴中國進口的茶葉，便嘗試在殖民地印度種茶。

26. 日本明治時代西洋文明傳入日本，日本政府開始攝取西方文明，推行近代化。其政策包括推行西洋建築、穿洋裝、廢除武士刀、派遣留學生等。
27. 一八六七年，江戶幕府第十五代將軍德川慶喜還政予天皇，江戶時代告終，日本進入近代化的明治時代。
28. 一八七一年，明治政府廢除大名制度，改設新的地方政府。具體而言，就是廢除全國各藩，統一為府縣。

然而，中國茶在氣候炎熱的印度根本無法生存。

一八二三年，英國探險家布魯斯於印度阿薩姆地區發現茶樹，經查證後發現，該茶樹並非中國種。

目前已知的茶樹共有兩種，一是「中國種」，二是印度的「阿薩姆種」。中國種生長於寒冷地帶，為了抗寒耐乾，發展出又小又厚的葉子，目前多種於中國、日本等溫帶地區。

「阿薩姆種」是指當初布魯斯在印度發現的茶。這種茶樹因生長於熱帶，葉片較為寬大。熱帶地區因陽光充足，利於植物進行光合作用，所以熱帶植物通常會進化出較大的葉片，以增加光合作用的效率。此外，熱帶較多食葉害蟲，葉子大一點才不容易被蟲吃光。

就分類學而言，中國種和阿薩姆種屬於同「物種」，但說得準確一點，其實是「亞種」。

什麼是亞種呢？比方說，雖然同為「梅花鹿」，但北海道的梅花鹿比本州的大，本州的又比九州的大，因而被分作「蝦夷鹿」、「本州鹿」和

「九州鹿」。這三種鹿就屬於亞種。

中國種和阿薩姆種茶樹的關係與粳米（蓬萊米）和秈米（在來米）類似。粳米和秈米也屬亞種，日本種的是米粒呈圓形的粳米，其他國家（如泰國）則多種長型的秈米。

因熱帶蟲害問題嚴重，而咖啡因又有抗菌作用，所以阿薩姆種的咖啡因較濃。綠茶主要是喝胺基酸的香氣，紅茶則是喝咖啡因的苦味，所以阿薩姆種較適合製作紅茶。

發現阿薩姆種後，英國終於不用依賴中國進口茶葉，而印度也成為全球第一大紅茶產地。

茶讓印度失去了紡織這個傳統產業，中間峰迴路轉幾經曲折，又讓印度的經濟起死回生。

## 咖啡因的魔力

茶的魔力令全球瘋狂。

讀到茶是美國獨立戰爭的導火線時，應該有不少人覺得，茶到底是何方神聖，竟有引爆戰爭的魔力？

事實上，茶的魔力源自於「咖啡因」。咖啡因是一種具有毒性的生物鹼，植物原本利用這種物質來防止被昆蟲或動物吃掉。咖啡因的化學結構和尼古丁、嗎啡雷同，同樣具有振奮神經的功用。也因為這個原因，喝茶可達到提神醒腦的效果。只能說，毒與藥只有一線之隔。

咖啡因是影響腦神經運作的有害物質，雖然影響不大，但人體還是會將之排出體外。喝太多茶會不斷跑廁所，就是這個原因。

茶樹屬於山茶科植物，所以山茶樹和茶樹的葉子外觀相當類似。各位有無想過，世上植物無數，古時化學不發達，又沒有解析的機器，怎麼這麼巧就挑了茶葉來喝呢？事實上古人是憑經驗，從葉形挑出選出含有咖啡因的葉子。

咖啡因如其名所示，是從咖啡中發現的物質。咖啡的原料——咖啡樹雖為茜草科，但也含有咖啡因。

紅茶、咖啡、可可亞有世界三大飲料之稱，這三種飲料的原料——茶樹、咖啡樹、可可樹都含有咖啡因。

自古至今，人們都為咖啡因這種含於植物中的毒物而瘋狂。其中，茶更是震撼了人類歷史，對人類社會造成極大的動盪。

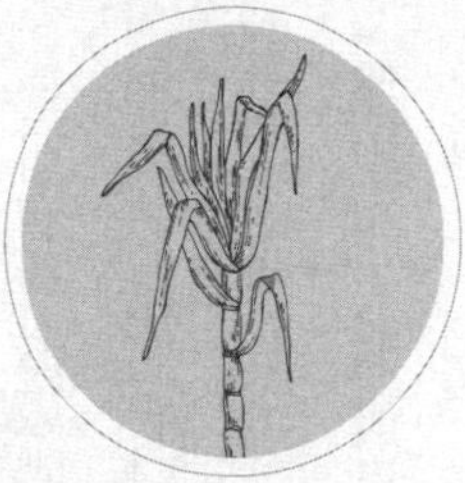

第九章

# 甘蔗——蠱惑人心的甘甜

種甘蔗相當費工，需要大量的人力，所以歐洲各國將歪腦筋動到殖民地的人民身上。他們從非洲載了一船又一船的奴隸，開往新大陸種植甘蔗。

## 無「甜」不歡的人類

人類對甜食情有獨鍾。

小朋友總是吵著要吃甜食，大人有時也會買甜點獎勵自己，蛋糕吃到飽的店前經常是大排長龍。

甜味——「糖」是人類身體的能量來源。「甜味」是植物成熟的味道，果實成熟後會變甜。我們的祖先是住在森林之中、吃植物果實為生的猿猴，為了尋找成熟果實，人類天生就具有識別甘味和甜香的能力。

如今社會充斥著各式各樣的甘味劑，現代人常有糖分攝取過量的問題，導致許多人見糖就如臨大敵。然而對自然界而言，吃含糖植物不但安全，還可有效攝取熱量，所以我們人類才會「見甜心喜」。

不過，我們的祖先後來是在草原進化，跟森林時期比起來，較少機會吃到甘甜的果實。

據說，人類最早嚐到的甜味是蜂蜜。有多早呢？說了你可別嚇到，最遠可追溯到西元前兩千五百年。

開始農耕後，人類開始用穀物的澱粉製糖。

比方說，古時常用麥芽糖做為調味料。麥芽含有豐富的澱粉酶，澱粉酶可分解澱粉，只要將麥芽加入澱粉之中，即可製成麥芽糖。

## 製糖植物

現在甘蔗是全球最主要的製糖植物。甘蔗為禾本科，高度可長到三公尺，分布在光照充足的熱帶，藉光合作用生成蔗糖存在莖中。

甘蔗為熱帶植物，原產於東南亞。第一個將甘蔗拿來精製成砂糖的是印度人，說到這個，佛教創始人——釋迦牟尼修完苦行後，喝的就是加了砂糖的乳粥。

對住在非熱帶地區的人而言，蔗糖是不可多得的珍寶。

古人生活不比現在豐衣足食，常有營養不足的問題。砂糖是直接的熱量來源，有增加體力之藥效，因而成了珍貴的藥物，價格也水漲船高。

砂糖源於印度，十字軍東征後才傳到歐洲各地。

不過，甘蔗製成的砂糖在當時是極為珍貴的奢侈品，只有極少部分的王公貴族才有機會享用。

## 蔗糖產業與奴隸

在種植甘蔗之前，農業基本上不需要奴隸。

一般農業雖然費力，但都是用鋤頭耕田這種單調的動作，牛馬也能勝任。然而，甘蔗體型巨大，高度超過三公尺，既不好收成，又無法讓家畜代為進行，所以在二十世紀開發出相關機器前，都是用人力採收甘蔗，這無疑是一種重體力勞動。

甘蔗不是採收完就沒事了，還必須精製成砂糖。甘蔗離土後，莖部儲存砂糖的部位就會逐漸凝固。以前的人以為凝固後就無法製糖，所以都是趁新鮮作業，一口氣大量採收甘蔗後立刻製糖，過程中必須耗費大量勞力。

因此，種植甘蔗可說是一刻不得閒，經常得忙於收成和製糖。為了提升工作效率，人們不斷擴大甘蔗田的規模，甘蔗田猶如血汗工廠，毫無閒情逸致可言。

其他農作物收成後不用趕著上市買賣，交易加工的時間較為充足。但甘蔗拖不得，為了爭取時間，人們還蓋了生產與製糖同時進行的甘蔗工廠。

這就是所謂的「種植業」。

種植業需要投入大量勞力，一開始是讓戰俘協助種植，隨著規模愈來愈大，戰俘開始不敷使用，對奴隸的需求也日益升高。

## 沒有砂糖的幸福

有個笑話是這麼說的——

一名外國商務人士，見南國島上的居民每天都過著輕鬆享樂的日子，忍不住開口問道：「你們為什麼不認真工作賺錢？」南國居民反問他：「賺那麼多錢要幹嘛？」商務人士回答：「到南國島嶼輕鬆過活啊！」南國居民：「那不就是我們現在在做的事嗎？」

前面問過大家：自然富饒之處和資源貧瘠之地，何者的農業較為發達呢？

農耕是一種重體力勞動，若不用務農就能吃飽，自然沒人想要農耕，這也是物產豐饒的南國島嶼難以發展農業的原因。

相反的，土地貧瘠之處因為缺乏食物，人們只能投入勞力務農，以換取穩定的食物來源。

大西洋上的西印度群島資源豐富，島民卻為了某種植物辛苦務農，這種植物就是甘蔗。

## 進擊的甘蔗

西班牙之所以支援哥倫布出海，是為了到印度尋找胡椒致富。然而，哥倫布抵達的卻是美洲新大陸，並未滿足西班牙對財富的渴望。於是，西班牙開始在西印度群島上尋找其他金雞母。

哥倫布發現新大陸後，除了將美洲各式稀奇植物帶回歐洲，還將歐洲的植物帶到美洲試種。哥倫布非常了解北大西洋馬德拉群島上所種植的甘蔗，他相中氣候溫暖的美洲加勒比海諸島，便將甘蔗引進該處種植。

於是，甘蔗就取代了胡椒成為歐洲商人的搖錢樹，大量的砂糖也隨之入歐。

砂糖並非糧食，而是滿足個人欲望的嗜好品。只有砂糖是填不飽肚子的，沒了砂糖也不會鬧飢荒。

即便如此，西班牙還是為了種植甘蔗來牟取暴利，焚燒掉加勒比海諸島上的大片森林。

## 美洲大陸與黑暗歷史

見西班牙成功將甘蔗移植美洲，歐洲各國也紛紛開始仿效，在中美洲諸島的殖民地上開闢甘蔗田。

歐洲的種麥和畜牧屬於粗放農業，投入的勞力較低。而甘蔗無論是種植、收成、製糖都需要大量勞力，問題是，這些勞力從哪來呢？

一開始歐洲人是奴役美洲原住民種甘蔗，但在侵略戰爭的進行下，當地人口愈來愈少，再加上歐洲疾病傳入美洲，導致不少原住民因病喪命。

於是，歐洲各國開始從非洲載運黑奴到美洲。當時的路線是這樣的——先從美洲發船運送砂糖至歐洲，再將歐洲的工業產品運到非洲的殖民地，讓黑奴上船後運到美洲。

種植甘蔗過程艱苦，經常有奴隸賠上性命。然而對當時的人而言，奴隸只不過是消耗品罷了，沒了一批再從非洲運一批過來即可。

當時除了讓奴隸種植甘蔗，還會送他們去種植棉花等工業原料作物。自一四五一年起，直至一八六五年廢除奴隸制度為止，有將近九百四十萬的非洲人被送到美洲當奴隸。

這儼然是一段黑暗歷史。

## 當砂糖遇見紅茶

後來，有種植物大幅提升了砂糖在歐洲的價值，那就是前面介紹的「茶」。

伊麗莎白．亞伯特在《砂糖的歷史》一書中寫到，茶於十七世紀從中國傳入歐洲後，「喝紅茶」成了歐洲上流階級最幸福的享受，人類的歷史悲劇也就此展開。為了讓貴族在紅茶內加入一匙砂糖，許多非洲男女被迫遠走他鄉，過著慘無人道的奴隸生活。

紅茶本是有益健康的東方飲品，中國並無在紅茶裡加糖的習慣。不加糖的紅茶喝起來苦苦的，但加了糖後，卻成了滿足個人欲望的奢侈品，令人欲罷不能。

第一個將紅茶加糖喝的人是誰？目前已不可考。能夠確定的是，自從人們開始將美洲產的砂糖加入東洋產的紅茶後，「甜紅茶風潮」瞬間席捲歐洲，收服了歐洲大眾的心。

平民開始喝茶後，人們對砂糖的需求更是暴增。

其實不只紅茶，世界三大飲料——紅茶、咖啡、可可亞都不是歐洲本地產的飲料。這些飲料都含有咖啡因，具有刺激中樞神經、提神醒腦的效果。因咖啡因本身帶有苦味，這三種飲料都不好喝，加糖飲用後，人們才開始對這些飲料深深著迷。

砂糖普及後，市面上開始出現各類甜點和各式點心，這些甜食比含有咖啡因的苦澀飲料更具魅力。於是，砂糖從奢侈品變成必需品，人們也開始過著「無糖不歡」的生活。

## 甘蔗與夏威夷的多民族社會

甘蔗早在史前時代就從東南亞傳入夏威夷，十九世紀探險家發現夏威夷後，又將甘蔗從美洲大陸帶到夏威夷。也就是說，甘蔗先從東南亞向東傳，再從美洲向西傳，繞了地球一圈後，在夏威夷再度碰頭。

在夏威夷種植甘蔗需要大量的人力，然而，當時美國南北戰爭打得如火如荼，再加上奴隸制度已走到窮途末路，所以無法將奴隸從美國本土送到夏威夷。

在夏威夷這種氣候溫暖的南方島嶼，人們就算不耕種也不怕餓肚子，所以夏威夷原住民從未從事過種植業。

一八五〇年代，大批中國勞工來到夏威夷。這些人並非奴隸，而是勞工。工作一陣子後，他們要求雇主加薪並改善工作環境，也有不少人自行上街做生意。一八六〇年代，則由另一批男性日本勞工來替補空缺。

後來日本勞工也要求雇主加薪，雇主便接連引進菲律賓人、朝鮮人、葡萄牙人、西班牙人……等。美國本土解放黑奴後，非裔美國人也來到夏威夷找工作。

夏威夷因無奴隸可用，為了補充勞力，引進了各方民族就地而居。雇主則不斷設法降低工資，以取得競爭優勢。

在這樣的背景下，才形成了全球罕見的多民族、多文化共存社會。

其中，不少日本移民將自己的照片寄回日本相親，再將另一半接到夏威夷共築愛巢。這些人工作契約結束後仍留在夏威夷，在當地形成日僑社會。

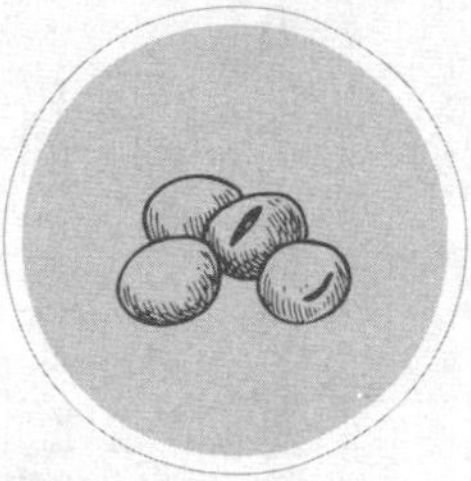

第十章

# 大豆——日本戰國時代的重要軍糧

味噌的原料——大豆原產於中國。
味噌的製作技術在傳入日本後突飛猛進，
因富含營養，成為日本戰國時代不可或缺的保久食品。
不少戰國武將都與味噌有密不可分的關係，比方說，
三河的「紅味噌」是德川家康的最愛、
武田信玄研發出「信州味噌」、
伊達政宗研製「仙台味噌」……等。

## 大豆＝「醬油豆」

大豆的日文是「Soybean」，「Soy」為醬油，所以「Soybean」是指「製作醬油的豆子」。

大豆原產於中國，並由中國傳至亞洲各地。日本自古就食用大豆，早在繩文時代以前，大豆就已傳進日本。到了奈良時期[29]，日本跟中國學會了大豆加工技術，開始製作醬油和味噌，大豆自此成為日本飲食的基本作物之一。

亞洲的大豆種植歷史最為悠久，如今全球各地都有大豆田。前面曾提到，全球產量前三名的農作物——「世界三大穀物」分別為玉米、小麥和水稻。第四名是馬鈴薯，第五名就是本章介紹的大豆。

美國是全球大豆產量最多的國家，第二名則是巴西，全球有超過百分之八十五的大豆都產自美洲。

大部分的全球性作物都原產於美洲，像是玉米、馬鈴薯、番茄……等都是。大豆則剛好相反，是由中國傳入美洲，目前產量甚至遠遠超越原產地。

那麼，原產於中國的大豆，是怎麼傳遍全球的呢？

## 中國四千年文明的幕後推手

世界四大文明的背後都有主要作物做為支柱，像是美索不達米亞文明和古埃及文明的麥類、古印度文明的水稻，中國文明則有大豆。

放眼美洲大陸的古文明，阿茲特克文明和馬雅文明的所在地——中美洲是玉米的原產地，印加文明位於南美洲的安地斯地區，而安地斯山脈正是馬鈴薯的原產地。

29. 日本的時代劃分，指紀元七一〇年到七九四年。

值得注意的是，這些文明幾乎都已滅亡，唯有中國文明留存原地。中國北部的黃河流域多旱田，主要種植大豆和粟米，南部的長江流域則盛產水稻，以稻田為主。

農耕是用土壤中的養分供養作物，收成作物等於將土壤中的養分帶走。因此，每隔一段時間就必須讓土壤「休養生息」，否則土地將愈發貧瘠。此外，如果一直以來都只種植某種作物，將導致土中的礦物質失衡，使植物分泌有害物質、破壞土壤環境，最後落得寸草不生的地步。也因為這個原因，較早發展農業的地區才逃不過土地沙漠化、文明滅亡的命運。

問題來了，中國文明為何能夠留存至今呢？因為中國主要是種植水稻和大豆，這兩種都是對大自然傷害較輕的作物。

稻田必須引水灌溉，山上流到平地的水可為土壤補充養分，並沖走多餘的礦物質和有害物質。因此，種稻不會引發連作障礙[30]，農民可以連年在同一塊地上種植水稻。

大豆隸屬豆科，豆科植物可和細菌共生，藉此留住空氣中的氮。也因為這項特殊能力，大豆在缺氮的貧土也能順利生長。在貧瘠土地種植大豆，還可達到恢復地力的效果。

## 大豆的祖先是雜草？

大豆的祖先是一種叫做「野大豆」的植物。大豆和野大豆屬於近緣種，雜交可產生種子。這兩種植物的關係相當親近，長相卻有著天差地別。

「野大豆」豆如其名，屬於野生雜草，和牽牛花同為爬藤生長的「藤蔓植物」，如今在田邊依然能見到這種雜草的身影。大豆就不同了，大豆有直立的莖，能夠「自立生長」。

為什麼像野大豆這種藤蔓植物，能生出大豆這種直立型作物呢？

30. 連續在同一塊土地上種植同種作物所引發的作物異常發育。

很遺憾，我們並不清楚原因。

那麼，為什麼人類選擇種植大豆，而非野大豆呢？

纏在別的植物身上有助於自身快速生長，所以對植物而言，「爬藤」其實是有利的特質。

然而，對人類而言，種植爬藤植物卻非常麻煩，不但得在旁邊設立支架，收成也較為費工耗時。這也是人類選擇種植大豆而非野大豆的原因。

在科技日新月異的現代社會，許多植物都已經過品種改良。反觀大豆，卻跟幾千年前幾乎沒有兩樣，畢竟它本身從「藤蔓植物」變成「直立植物」的過程就已經夠戲劇化了。

## 為什麼大豆又稱「素肉」？

白飯和味噌湯是日本料理的基本組合。日本人以米飯為主食，而米飯和味噌湯又特別對味。

味噌是由大豆製成。就營養學的角度來說，米飯和大豆是相輔相成的兩種食物。

碳水化合物、蛋白質，和脂質為「三大營養素」。米飯富含碳水化合物，是營養均衡的優質食品，而大豆富含蛋白質和脂質，有「素肉」之稱。只要食用這兩種食物，即可均衡攝取三大營養素。

為什麼大豆含有大量的蛋白質呢？這其實是有原因的。

豆科植物具有「固氮」這種特殊能力，能夠留住空氣中的氮。也因為這個原因，大豆在缺氮的貧土中也能順利生長。

不過，大豆在種子長芽的階段是不具有固氮能力的，而蛋白質含有高度的氮，所以大豆才預先在種子內儲存大量的蛋白質。

另一方面，水稻的種子——稻米富含碳水化合物。碳水化合物、蛋白質、脂質都是促使種子發芽的能源，只是蛋白質、脂質能產生的能源比碳水化合物高出許多。其中，蛋白質是形成植物軀體的基本物質，對植物母體而言也是非常重要的養分；脂質雖然擁有豐富的能量，但製造脂質也相當耗費能量。就這點而言，植物必須有足夠的「資本」，才能在種子中儲存蛋白質和脂質。

禾本科植物生在環境嚴峻的草原，沒有多餘的資本生產蛋白質和脂質。植物只要行光合作用，即可迅速獲得碳水化合物。因此，禾本科才會發展出較為簡便的營養機制，以碳水化合物做為發芽的養分，儲存在種子當中。

而這些碳水化合物，最後便成了人類的糧食。

## 飲食界的夢幻組合

稻米富含碳水化合物，大豆含有大量的蛋白質，兩者可謂「營養均衡最佳組合」。

此外，稻米因含有各種營養素而享有「完全營養食品」之美稱，其唯一缺乏的就是離胺酸這種胺基酸，而大豆正好富含離胺酸；大豆缺乏甲硫胺酸這種胺基酸，而稻米正好有豐富的甲硫胺酸。

也就是說，稻米和大豆能提供人類完整的營養素。

放眼日本歷史，經常能見到這樣的「米豆夢幻組合」。比方說，前面提到的日本料理基本組合——米飯和味噌湯就是典型的「米豆夢幻組合」，大豆製成的納豆也很配飯。

其他大豆製品還有黃豆粉、醬油、豆腐……等。日本人喜歡用黃豆粉配麻糬吃，醬油和米做的仙貝非常對味，米釀成的日本酒則跟冷豆腐、豆腐鍋相當合拍，醋飯和豆皮做成的豆皮壽司也是「米豆夢幻組合」。

放眼日本飲食文化，這樣的組合可說是不勝枚舉。

## 因戰而生的食品

「戰爭」自古以來就是激發新技術的原動力。

像是網際網路、全球衛星定位系統，原本都是軍事技術，後來才運用在民生上。

戰爭需要的不只兵器，還要有糧食。上戰場的是人類，是人類就必須吃東西。有一萬人的士兵，每天就必須準備一萬人份的食物。為此，人們開發出各式各樣的軍用食品。

比方說，現在市面上處處可見的真空包裝食品、冷凍乾燥食品，當初就是基於軍事目的才開發出這些技術。

日本戰國時代，也出現了一項劃時代的軍用食品——「味噌」。

味噌的製作方式早在飛鳥時代[31]就從中國傳入日本，並於戰國時代出現前所未有的進步。

對現代人而言，味噌只不過是眾多調味料的其中之一罷了。然而在戰國時代，味噌可是舉足輕重的軍用食品。味噌是發酵食品，相當耐放又利於保存，曬乾或烤成「味噌球」即可隨身攜帶食用。不僅如此，只要用熱水溶解，再隨地摘些野菜放入，就是一碗營養滿點的味噌湯。當時人還會在味噌球內包入乾燥的菜葉，製成「速食味噌湯」。

對戰國時代的武將而言，味噌是不可或缺的食品。

味噌含有豐富的色胺酸，色胺酸為大腦合成血清素的前驅物，血清素又稱「快樂激素」，可幫助人體減輕壓力。因此，食用味噌可使人心平靜氣，讓人積極向前、充滿鬥志。除了色胺酸，味噌還含有卵磷脂和精胺酸，前者有活化大腦的效果，使人冷靜地迅速做出判斷；後者可恢復疲勞、強化免疫功能，維持強壯健康的體魄。

## 德川家康與「紅味噌」

德川家康門下的三河武士以驍勇善戰聞名，而「紅味噌」正是這群武士的「靈魂食物」。

時至今日，名古屋的味噌文化仍相當有名，像是味噌豬排、味噌烏龍

31. 日本的時代劃分，一般係指七世紀的日本。

麵都是耳熟能詳的美食。名古屋用的，正是紅色的「豆味噌」。

名古屋原屬於愛知縣西部的尾張國，但豆味噌其實源於愛知縣東部的三河國，也就是家康的故鄉特產。

起初製作味噌是單使用大豆，用清蒸的方式來製作紅味噌。隨著技術愈來愈發達，才加入米麴和麥麴來加快發酵速度、縮短製作時間。為了讓味噌的口感更加滑順，人們開始以水煮取代清蒸，這才做出了「白味噌」。

不過，三河地區一直以來都是吃紅味噌。

該區因台地較多，水路難以通過，所以無法開拓稻田。再加上土地貧瘠，作物難以生長，自古就多種植不挑土的大豆，並製作只使用大豆的「紅味噌」。

三河的土壤既不肥沃，冬天還會颳有「空風」之稱的強大季風。三河武士堅毅不撓的個性，大概就是在嚴峻環境中培養出來的吧。

## 武田信玄與「信州味噌」

各位聽過「信州味噌」嗎？該味噌其實是甲斐國的大名——武田信玄的傑作。

甲斐多山，境內多山峰圍繞，又因沒什麼稻田，所以不產稻米。當地居民自古就盛行用大豆製作味噌。而信州味噌的原產地——信濃，當時正是武田信玄的領地。

武田信玄研製出的叫「陣立味噌」，先將大豆水煮後搗碎，加入酵母後搓成球狀，邊行軍邊讓其發酵，發酵完就直接食用。許多戰國武將都用這種方式製作味噌，武田信玄的個性實利至上，難怪能研製出這種實用度極高的味噌。

此外，味噌還能幫助士兵攝取鹽分。信玄的領地如甲斐、信濃都不靠海，必須不時儲備食鹽，就這點而言，味噌還是儲備鹽分的重要食品。

武田家的文書上曾寫到：「鼓勵川中島等地、信濃全國左右五里（約二十公里）製作味噌。」

當時信玄經常和越後國的上杉謙信打仗，雙方常在川中島交戰，信玄應該是為了儲備軍糧才鼓勵人民製作味噌。

而這些味噌，後來便成了馳名全日本的「信州味噌」。

## 伊達政宗與「仙台味噌」

「仙台味噌」原本也是軍用食品，其源頭可追溯到日本戰國時期的武將——伊達政宗。

如前所述，味噌在戰國時代是軍用的保久食品，所以伊達政宗非常注重味噌。為了大規模製造味噌，他在仙台城腳設立味噌釀造所——「御鹽噌藏」，該釀造所也是日本首座味噌工廠。

仙台味噌是怎麼紅遍全日本的呢？據說豐臣秀吉派兵出征朝鮮時，大多武將的味噌都因炎夏而變質腐壞，只有伊達政宗的味噌完好如初，政宗便將自己的味噌分給其他武將，因而聲名大噪，該味噌就此得名「仙台味噌」。

一般味噌可分為兩種，一是只使用大豆的紅味噌，二是有添加米麴的白味噌。

仙台味噌則是米麴較少、大豆較多的紅味噌。家康的基地——三河是因為較少稻田，所以才只用大豆製造紅味噌，但仙台的平原盛產稻米，為什麼會選作大豆比例較高的紅味噌呢？

伊達政宗拿下日本東北時，豐臣秀吉已快要稱霸天下。政宗在豐臣和德川政權下嘗盡了辛酸，先是奉秀吉之命鎮壓叛亂，成功平亂後，卻被扣上煽動叛亂的罪名，被秀吉沒收了居城米澤城，改搬到宮城居住。現在的宮城土壤肥沃、稻田遍野，當時卻因為叛軍肆虐而遍地荒蕪，不僅如此，還處處都是溼地，根本不適合農耕。

關原之戰[32]結束後，政宗又奉德川家康之命改建江戶城，因而身負經濟

32. 日本戰國時代末期的重大戰役，德川家康於此戰役後拿下天下大權，並於三年後成立幕府。

重擔。種種原因之下，伊達政宗的仙台藩陷入了稻米短缺、經濟拮据的窘境，為了節省稻米，在製作味噌時只能將米麴減半，這才有了現在的「仙台紅味噌」。

## 大豆進入美洲

大豆不只可做味噌，還可釀醬油。

前面提到，大豆的英文是「醬油豆」——「Soybean」。「Soy」是怎麼來的呢？江戶時代安政[33]年間，日本開始從薩摩（現鹿兒島縣）出口醬油到歐洲，當時薩摩稱醬油為「Soi」，所以大豆的英文才會是「Soybean」。

好不容易，大豆終於傳入美洲大陸。一般認為是從中國傳入，但也有紀錄指出，大豆是培里艦隊從日本帶回美國的。

大豆不適合直接食用，要吃還得經過一道發酵的手續，做成豆腐、納豆或味噌。所以大豆從東亞傳入歐美後，歐美人並未立刻在世界各地種植大豆。

直到一九二九年的經濟大恐慌後，事情才出現了轉變。經濟大恐慌爆發後，全球對食用油的需求大幅降低，玉米油因供過於求導致價格跌落谷底，大豆油則因價格便宜而需求漸增。為了解決供過於求的問題，人們放棄了玉米田，改種沒有行政限制的大豆。

一九三〇年代，一場久旱幾乎毀了所有玉米田，大豆因在貧瘠之地也能生長，所以並未造成太大的影響。在大環境的推波助瀾下，東亞的大豆成功進軍美洲，擴展到美國的各個角落。

如今，美國已然成為全球最大的大豆產國。北美地區是大豆的盛產地，光是美加兩國的大豆生產量就占了全球的一半。

不過，美國人雖然種大豆，卻不吃大豆，絕大部分的大豆都拿去製成家畜飼料了。

33. 日本年號，指一八五四年至一九六〇年。

## 後院的大豆田

南北戰爭解放奴隸後，美洲出現勞力短缺的問題。不少日本人在這個時期移民美洲，替補勞力缺口。

前面提到，曾有一批日本人移民夏威夷種植甘蔗。

然而到了第二次世界大戰前，美日兩國的關係持續惡化，所以大多日本人都是移民南美洲。

出國旅行時，你是否也曾吃不慣當地食物呢？對日本人而言，只要有「醬油」或「味噌」就能解決這個問題。淋上醬油後，就算是吃不慣的異國菜餚也能輕易入口；味噌湯一下肚，不安的心情也跟著煙消雲散。

以前的移民也是一樣。

為了緩解思鄉之苦，他們將從祖國帶來的大豆種在後院，自己做味噌和醬油來吃。

第二次世界大戰爆發後，南美各國為了解決糧食不足的問題，曾鼓勵人民種植大豆，卻因為人民吃不慣而效果不彰。

一直到戰後一九六〇年代，南美各國才正式開始種植大豆。大豆能傳遍南美，日本移民功不可沒。

如今巴西、阿根廷、巴拉圭等南美國家都是大豆盛產國。尤其在阿根廷和巴拉圭，大豆是國家的經濟命脈，占總出口量超過六成，有人評論這是「日本人後院造就的奇蹟」。

日本將大豆傳入美洲，時至今日，日本的大豆卻幾乎都是進口貨，自給率不到百分之十。若沒有這些外國大豆，日本人就沒有豆腐和納豆可吃、沒有味噌湯可喝了。

事實上，有百分之十還算好了。早期日本大豆的自給率幾乎是零，這幾年產量才有所提升。

為什麼如今日本的大豆自給率這麼低呢？這其實是有原因的。

第二次世界大戰結束後，美國的農業政策規定，只要是美國的重點出口農產品，如小麥、大豆等，日本都必須向美國進口，導致日本國內的生產規模縮小。再加上日本戰後食糧短缺，所以將主力放在種植主食——稻米，其他農作物能進口就進口。

雖然大豆的英文是「醬油豆」，現在卻多產於美洲，成了美洲大陸的代表農作。

第十一章

# 洋蔥——古埃及金字塔的幕後功臣

洋蔥原產於中亞，
是古埃及舉足輕重的作物。
為了在乾燥地區生存，
洋蔥可是練就了一身「好功夫」，
用體內的各種物質抵抗害蟲和病菌。

## 古埃及時代的洋蔥

洋蔥的歷史悠久，在紀元前埃及王朝的浮雕遺跡上，就能見到金字塔工人腰上掛著洋蔥的身影。

據說古埃及人是看中洋蔥修復疲勞、預防疾病的藥效，才特地發給重體力勞動的工人食用。

蓋金字塔是多麼艱辛的工作啊！雖說歷史不談「如果」……但我還是忍不住想像，「如果」古埃及沒有洋蔥，或許就沒有金字塔遺留後世了。

除了金字塔，古埃及人在製作木乃伊時，也會用到洋蔥。他們將洋蔥塞進木乃伊的眼窩、腋下等處，用包繃帶的方式將洋蔥捲在木乃伊身上。

古埃及人之所以製作木乃伊，是因為相信魂魄離開肉身後，只要好好保存肉體，死者就能再生。

而洋蔥具有殺菌和防腐功能，所以古埃及人認為洋蔥擁有特別的魔力，能賦予死者活力。

## 洋蔥的原產地

事實上，洋蔥並非產於埃及，而是產於中亞。

早在紀元前五千年，就有人開始種植洋蔥，之後才傳入埃及，擴散至世界各地。

洋蔥能在這麼久以前就廣傳，得歸功於其耐放易保存的特性。洋蔥非常耐乾，長久運送也不會腐敗，且非常容易繁殖。

因洋蔥耐乾怕溼，乾燥後更耐放，所以古時收成後，一般是將洋蔥吊在屋簷下保存。

為了在乾燥地區生存，洋蔥可是練就了「十八般武藝」，用體內的各種物質抵抗害蟲和病菌。

或許是看中洋蔥的抗菌活性，以前歐洲人會將洋蔥掛在門口來避邪，藉此驅除女巫。

## 球根的真面目

洋蔥的英文「Onion」源自拉丁語的「Unio」，原意為「珍珠」。剝皮後的洋蔥有如珍珠般潔白美麗，其層層包覆的構造也和珍珠如出一轍，故得其名。又或許是因為洋蔥效力神奇，和珍珠的神秘氣息不謀而合吧。

一般以為洋蔥是球根，事實上並非如此。在植物學中，這個部位稱作「鱗莖」，如其名所示，是「鱗片狀的莖」。

然而，我們吃的卻也不是洋蔥的莖，而是「葉」。

將洋蔥切一半你會發現，洋蔥的中間有少部分的芯，這個芯就是洋蔥的莖，外面層層相疊的其實是葉子。

洋蔥的葉子會這麼肥大，是為了儲存養分，以求在乾燥地帶生存。

## 洋蔥進入日本

蔥、蒜跟洋蔥是「同夥」的農作物，不但都帶有抗菌物質，自古也都被人們當作驅邪避凶的利器，相信大家都聽過中世紀歐洲拿蒜頭驅逐吸血鬼德古拉的故事吧。

日本自古有一種很像洋蔥的裝飾，常能在寺廟、神社、寺廟的樓梯或扶手、橋墩的欄杆等處見到，日本武道館的屋頂上也有一個。有首跟武道館有關的歌叫〈大洋蔥之下〉（作詞：太陽廣場中野君，作曲：嶋田陽一），這裡的「大洋蔥」就是指武道館屋頂上的裝飾。

這種裝飾名為「擬寶珠」，擬寶珠其實是「蔥開的花」而非洋蔥。可見日本自古以來就有用蔥避邪的習慣。

洋蔥因具有防腐效果又利於保存，非常適合當作長途的航海食品。也因為這個原因，遠航船上經常能見到洋蔥堆積如山的景象。

江戶時代，洋蔥隨著荷蘭船隻傳入日本長崎。因為日本國內的蔥種本就多樣，所以日本人一開始不太吃洋蔥，反而看中洋蔥開的美麗花朵，多將洋蔥做為觀賞植物。

一直到明治時代引進各種西洋蔬菜後，日本才開始正式種植洋蔥。種是種成功了，但坊間流傳洋蔥是「薤（小蒜）」變成的妖怪，所以並未被日本人所接受。

直到明治時期關西爆發霍亂，不知從何處流出「洋蔥可治霍亂」的謠言，洋蔥才迅速在日本普及。

洋蔥能治好霍亂？這當然是無稽之談。但無論如何，這場霍亂讓洋蔥成了日本餐桌上的常客。

第十二章

# 鬱金香——世界首次泡沫經濟與球根

荷蘭設立荷蘭東印度公司後，
利用海洋貿易飽賺財富，
開啟了荷蘭的黃金時代。
在錢花不完的情況下，
人們開始爭相搶購鬱金香的球根。

## 美麗的誤會

現在說到鬱金香，很多人都會想到荷蘭。

但其實，鬱金香的原產地是中東。十字軍將野生鬱金香帶進歐洲，經土耳其不斷改良培植，到了十六世紀，才由荷商將鬱金香的園藝種帶進荷蘭。

鬱金香的名字——「Tulip（Tulipa）」其實是口譯的誤傳。外國人問土耳其翻譯說：「這種花叫什麼名字？」翻譯反問：「你是說這個很像纏頭巾（Turban）的花嗎？」對方以為這種花就叫作「Turban」，後來才慢慢發展成「Tulip」。

事實上，土耳其語的鬱金香叫作「Lale」，「Tulip」是一場美麗的誤會。

## 嚴冬後的美麗春色

荷蘭冬季嚴寒，到了春天也很少植物開花。

鬱金香傳入荷蘭後，由荷蘭最古老的植物園——萊頓大學植物園進行試種。他們發現鬱金香可靠球根度過荷蘭的寒冬，到了春季就會綻放美麗的花朵。

鬱金香的花色鮮豔奪目，荷蘭人從未在春日見過如此多彩的花朵，驚豔之餘，鬱金香也在當地蔚為一股風潮。

供需決定了物品的價格，當需求小於供給，價格就會下降；相對的，當需求大於供給，自然是物以稀為貴；倘若漲價後仍是供不應求，價格更是一飛沖天。

當時荷蘭設立了荷蘭東印度公司，用海洋貿易賺了不少錢，開啟了荷蘭的黃金時代。

人們有了資產與閒錢，便開始爭相搶購鬱金香的球根。

## 鬱金香泡沫經濟

荷蘭人對鬱金香趨之若鶩，鬱金香的球根價格也扶搖直上，昂貴的鬱金香球根甚至成了荷蘭人的身分地位象徵。

成了達官顯貴的象徵花朵後，鬱金香的價格更是水漲船高，人氣也不斷攀升。

一旦物品的價格只漲不跌，就會有人以此投機牟利。許多對園藝毫無興趣的人，甚至連看都沒看過鬱金香的人，也暗地收購鬱金香，爭先搭上這班投資順風車。

需求的人不斷增多，球根的價格也無限飆升，成為商人和投資客的金雞母。

於是，許多人開始幫鬱金香改良品種，不斷推陳出新。一旦培育出稀有的品種，就能哄抬價錢。

哄抬到什麼地步呢？據說一個球根的價格高達一般民眾年收的十倍，都可以買房子了。

歷史上將這段時期稱作「鬱金香狂熱」，當時又以「碎色鬱金香」最為奇貨可居。

碎色鬱金香花瓣上的條紋圖樣令當時人痴狂。

奇妙的是，「碎色鬱金香」並非一種「品種」。

碎色鬱金香其實是罹患蚜蟲傳染的病毒而引發「嵌紋症」，導致部分花瓣褪色，才呈現出條紋圖樣。也就是說，「碎色鬱金香」並非一種品種，而是生病的鬱金香。

一般來說，即便母株染上病毒，其種子長出的植物也不會受到感染。但鬱金香是以球根繁殖，只要母株染病，所有新株都會跟著遭殃。

鬱金香的人氣如日中天，人們開始以期貨和拍賣的方式進行鬱金香交易，導致鬱金香的交易量遠高於實際的種植量。

## 花無百日紅

鬱金香的球根價格遠超過原本的價值，進而引發了鬱金香泡沫經濟。

諷刺的是，當時價值連城的「碎」色鬱金香，似乎預言了這場泡沫經濟終將破「碎」。

正如一九九〇年代的日本所示，泡沫經濟總有一天會破滅。

雖說鬱金香是財富的象徵，但終歸只是植物的球根罷了，終有價格跌落的一天。當時的鬱金香漲成了天價，大多人根本買不起鬱金香，終於導致泡沫破滅。

人們從痴狂中清醒後，球根的價格也隨之跌落谷底。許多人頓失財富，投資客也面臨破產的命運。

該歷史事件稱作「鬱金香泡沫」，也是全球首次的泡沫經濟。

人類總是學不乖。回顧歷史，我們已經多次為泡沫而瘋狂，最後都迎來空虛破滅的結局。自鬱金香泡沫時代以來，我們既沒有進步，也沒有學到任何教訓。

一場鬱金香泡沫對荷蘭經濟帶來了莫大的打擊，讓荷蘭人頓失財富，為荷蘭引以為傲的黃金時代畫下句點。世界金融中心也從荷蘭移至英國，英國日後更升格為世界第一大國。

鬱金香這種植物的球根，竟擁有「換角」的力量，改變了世界史的主角。

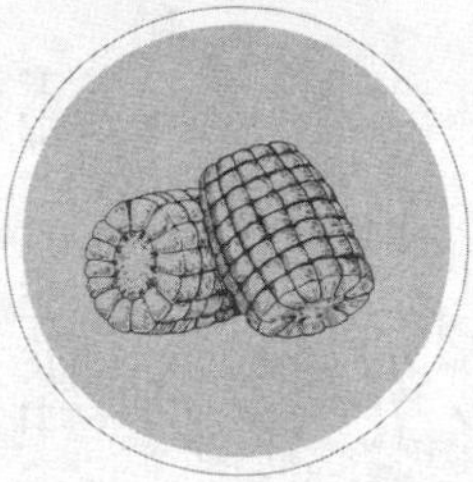

第十三章

# 玉米——席捲全球的奇異作物

玉米不只是糧食，
還是製造工業酒精、瓦楞紙箱等物的材料，
更是製作石油的替代品——乙醇燃料的重要原料。
若少了玉米，現代社會肯定沒有今天的發展。

## 玉米是外星植物？

你有聽過「玉米是外星植物」的都市傳說嗎？

這是真的嗎？

「拜託！怎麼可能，當然是假的啊！」——你是不是也在心裡吐槽了一番呢？

但不得不說，玉米這種植物真的很奇特。

首先，玉米沒有明確的祖先型野生種。舉例來說，我們吃的水稻的祖先是野生水稻；小麥雖然沒有直系的祖先種，但已知道是由「節節麥」和「二粒小麥」等植物演變而成。相較之下，玉米的「身世」可說是充滿了謎團。

玉米原產於中美洲。有人認為玉米的祖先種為大芻草，但大芻草的外型和玉米相差很大。且即便大芻草是玉米的起源，大芻草也沒有親緣植物。

玉米雖然隸屬於禾本科，卻是禾本植物中的異類。

一般植物的花都是「兩性花」，同時長有雄蕊和雌蕊，大多禾本植物

（如水稻、小麥等）都是開兩性花。然而，玉米的花卻非常特殊，開在莖部頂端的是雄花，開在葉腋的是雌花。且雌花為了捕捉花粉，身上長著有如絹絲般的濃密毛鬚，故又名「絹絲」，外表相當奇異。

這個雌花的部位，就是我們一般吃的「玉米」。剝掉玉米皮後，可看到裡面的金黃色顆粒，這些顆粒就是玉米的種子。

世間植物為了散播種子而費盡苦心，比方說，蒲公英是利用棉毛讓種子隨風飄散到各地；蒼耳則是將種子黏在人類的衣物上。然而，玉米卻是將種子包在皮內，若沒有人類的幫助，根本就無法散播種子、繁衍子孫。也就是說，玉米有如家畜一般，沒有人類就活不下去。

觀察玉米的成長過程你會發現，玉米彷彿生來就是要給人類照顧的。所以才有傳言說，玉米是外星人賜給古代人的糧食。

玉米真的是外星植物嗎？這個我無法肯定。唯一能確定的是，玉米真的很古怪，怪到植物學者稱之為「怪物」。

## 馬雅文化的神話作物

前面已介紹過，每個文明的背後都有農作物做為支柱，像是黃河文明的大豆、古印度文明和長江文明的水稻、地中海沿岸美索不達米亞文明和古埃及文明的麥類、南美洲印加文明的馬鈴薯。

到底是高度文明發展出這些優質作物呢？還是這些優質作物孕育出高度文明呢？無論如何，世界文明的起源和「農作物」之間都有著密不可分的關係。

玉米源自中美洲，在中美洲的阿茲特克文明、馬雅文明中占有舉足輕重的地位。馬雅神話說神用玉米製成了人類。日本較少見到黃色和白色以外的玉米，但其實玉米還有紫色、黑色、橘色……等，顏色相當豐富，馬雅人認為這也是人類有各種膚色的原因。

由此可見，馬雅人認為玉米比人類早來到這個世界。

身在全球化的現代社會，我們當然知道世界上有白人、黑人、黃種人等各種膚色的人種。

但仔細想想，西班牙的白人是於十五世紀哥倫布發現美洲大陸後才首次踏上中美洲，且一直到十七世紀才有人將非洲黑人帶到美洲大陸。為什麼馬雅人這麼久以前就知道世界上有各種膚色的人類呢？真的是很不可思議呢！

## 遭歐洲人排擠的玉米

玉米是美洲原住民的糧食，美洲處處可見玉米田。哥倫布發現美洲後，將玉米帶回歐洲，卻不被歐洲人所喜。

歐洲人看慣了麥類，嫌玉米是「不正常的穀物」。就連植物學者也說：「玉米這種植物非常稀有，其穀粒和花朵長在完全不一樣的地方，這違反了自然法則。」

植物開完花後，就會直接在原處結果或長出種子。事實上，玉米也是如此，玉米是在雌花處結果，只是雌花長著毛鬚，只是看起來實在不像

「花」。當然，玉米跟其他禾本植物一樣，也會在莖頂結穗開花，但那是不會結果的雄花。

歐洲人深信世界為上帝所創造，所以不信任任何違反自然法則的東西。因此，一開始歐洲人不肯食用玉米，只把玉米當作觀賞用的稀有植物。

## 是「唐蜀黍」還是「玉蜀黍」？

哥倫布將玉米帶回歐洲後，歐洲雖並未正式種植玉米，但還是將玉米傳入了非洲、中近東和亞洲各國。哥倫布於一四九二年發現美洲大陸，花了不到百年，葡萄牙船隊就在一五七九年將玉米帶到極東島國——日本。

日本是以稻米為主食，所以並未大規模種植玉米，只有少數無法開拓稻田的山區才會種玉米。時至今日，我們仍能在日本山地見到玉米田，這套玉米種植系統是於戰國時代傳入日本，種出來的玉米口感相當軟嫩。

因玉米是由葡萄牙傳入，日本關西地區有時會稱玉米為「南蠻」。

玉米的日文為「玉蜀黍」，從發音來看又可寫作「唐蜀黍」，也就是「從中國來的蜀黍」之意。所謂的「蜀黍」，是指現在的高粱等雜糧。但正如前面所說，日本的玉米並非傳自中國，而是因為當時日本舶來品大多是由中國傳入，所以常以「唐」字代表「外來」之意。北海道等地則將玉米寫作「唐黍」，唸成「Tokibi」，意為「中國傳來的黍類」。

說來「唐蜀黍」這個名字也實在奇妙，日文的「蜀黍」又寫作「唐土」，也就是「中國」。

「中國」原本是指「吳越同舟」中的「越國」。以前日本將越國傳入的物品寫作「諸越」，唸作「Morokoshi」，之後又以「Morokoshi」泛指所有傳自中國的東西，並改寫成代表「中國」的「唐土」二字。

「高粱」是古代中國傳入日本的雜糧，所以才會寫成「唐黍」，唸作「Morokoshi」，意指「中國傳入的黍類」。

然而，「唐黍」（高粱）傳入日本後，又傳入了跟高粱相似的植物，為避免混淆，日本人才在「唐黍」前又加了個代表中國的「唐」字，變成

「唐唐黍」。不過日本人不寫「唐唐黍」，而是寫「玉蜀黍」。為什麼不是「唐蜀黍」而是「玉蜀黍」呢？因為「蜀」是中國的國名，為避免重複使用中國的國名，所以才改稱「玉蜀黍」。

## 信長的愛花

織田信長喜歡新奇氣派的東西，據說他很喜歡玉米花。

如前所述，玉米開花的方式非常特別，開在莖部頂端的是雄花，開在葉腋的是有「絹絲」之稱的雌花。玉米為禾本植物，開的花既沒有花瓣，色彩也不豔麗，但雌花的「絹絲」卻非常漂亮。如果各位有看過連皮賣的玉米，應該都看過玉米濃密蓬鬆的褐色毛鬚嗎？那正是雌花的雌蕊萎縮後的模樣。

長長的絹絲晶瑩剔透，很是美麗。除了白色，有些品種的玉米還會長紅色毛鬚。喜好氣派的織田信長特別鍾愛紅色，所以很為紅色的玉米絹絲著迷。再加上信長喜歡新奇的東西，當時玉米是遠從南蠻而來的稀有植物，種種特徵都正對信長口味。

## 世上最多產的農作物

全球產量最多的農作物是什麼呢？

答案不是小麥，也不是水稻，而是玉米。

說到「玉米」，日本人頂多只會想到路邊的烤玉米、沙拉又或是濃湯，實在很難想像玉米的全球產量竟然多過小麥和水稻。日本人常把甜玉米當蔬菜吃，但甜玉米其實是糖分沒有轉換成澱粉的突變種，在玉米界是相當少見的稀有種。

正常玉米中的糖分會轉化為澱粉，一般都是被當作穀物，而非蔬菜。

玉米原本只是美洲原住民和移民的重要糧食，後來人們發明了可以翻動硬土的「鋤頭」，再加上蒸汽機所帶來的機械化，才開始大規模生產。

人類食用的玉米量，只占了總產量的一小部分。

玉米因營養價值高，大部分的收成都拿來做為家畜飼料。

很多人以為自己沒吃玉米，但其實只要吃牛肉豬肉、喝牛奶，都會間接吃到玉米。

## 萬能玉米

玉米除了是穀物糧食、家畜飼料，還是許多加工食品和工業品的原料。舉例來說，運用在各式加工食品的玉米油、玉米粉，都是用玉米製成。說了你可別嚇到，就連魚板、啤酒都含有玉米。

不僅如此，玉米的澱粉還可提煉成葡萄糖液，而口香糖、提神飲料、點心零嘴、可樂裡都含有葡萄糖液，可見我們在不知不覺間吞下了多少玉米。

玉米除了可當主食、飼料，還可榨成玉米油，磨成玉米粉，提煉成葡萄糖液，以及製成各種工業產品。

很多人為了減肥不吃零食也不喝飲料，又或是服用保健食品來抑制身體吸收糖類和脂肪。事實上，這類產品中都含有「難消化性麥芽糊精」，這種麥芽糊精也是用玉米做成的。

我們的身體是由各種食品形成，一說甚至認為，人體超過一半都是由玉米形成的。

這跟馬雅神話的「玉米造人說」不謀而合。

## 人間處處有玉米

事實上，玉米不僅能製作食品，還能製成工業酒精、糨糊、瓦楞紙箱……等多種物品。

令人驚訝的是，玉米還能製成燃料，最近人們就開始用玉米製作乙醇燃料來代替有限的石油資源。

若沒有玉米，就沒有二十一世紀的現代科學文明。換個角度想，無論科技如何進步、我們如何以現代技術為傲，本質上其實都和馬雅文明無異。

隨著科學技術的發展，玉米也經過了各式品種改良。最近更因為基因改造技術的發達，開發改良出許多新的玉米品種。

然而，無論再怎麼改良，玉米仍舊是玉米。早在很久很久以前，玉米就是植物界中的異類，其性質和其他植物完全不同。這種天生的「差異」是現代科學技術做不到的。

說到這個，玉米到底是怎麼種出來的呢？

難道真的是外星人送給地球人的嗎？

只能說，玉米真的是謎團重重的植物。

從人類的角度來看，我們是在種植玉米、運用玉米。但從玉米的角度來看，我們只不過是幫它們繁衍後代的媒介罷了。

為了擴張生長版圖，植物用盡各種方法散播種子。就這一點而言，玉米其實是植物界的佼佼者，畢竟沒有比玉米分布更廣的植物了。

或許，我們人類只是被玉米利用的棋子罷了。

# 第十四章

# 櫻花——山櫻所象徵的日本精神

染井吉野櫻出現於江戶時代中期。
日本人愛的不是櫻花的凋落之姿，
而是山櫻的盛開之美與其強韌的生命力。

## 日本人的愛花

日本人自古就熱愛櫻花。

人們將美麗綻放的櫻花視作稻作之神。櫻樹是在種稻時開花，所以對農民而言，櫻花是神聖之花，也是開啟農耕季節的重要植物。

櫻花的日文叫「SAKURA」，「SA」為「農神」之意。

除了櫻花，日文中稻作的相關字彙也多為「SA」開頭，像是農曆五月為插秧時節，古時稱五月為「Satsuki」，稻秧的日文叫「Sanae」，插秧的人叫「Saotome」，插秧結束後舉行的送田神祭叫「Sanaburi」，這個詞源自於「Sanobori」，意為農神歸天。

「Sakura」的「KURA」意為「神明降臨之處」，因此，「SAKURA」是「農神降臨之處」的意思。也就是說，每到開始種稻的春天，農神就會降臨凡間，讓美麗的櫻花綻放。

日本自古就有和神明共同飲食的「共食」習俗。每到新年，日本人之所以使用兩端都呈尖細狀的「祝筷」，就是為了和神明一同吃飯。不僅如此，日本人每個季節都會和各路神明飲酒吃飯，每逢春季，日本人就會到農神降臨之處——櫻花樹下喝酒唱歌，祈求豐收。

日本人除了向盛開的櫻花樹祈求稻作豐收，還會用落花的方式來占卜今年是豐收還是歉收。這麼做不僅是向神明祈福，更是為了提升農民鬥志、讓農民更加團結一心，做好面對艱辛農務的心理準備。

現代日本上班族每逢新年度都會相約去賞櫻，同時為新同事召開歡迎會，就是承襲了這份舊時習俗。

## 梅花勝於櫻花的時代

櫻花是農民的重要植物，王公貴族則更愛梅花。

古時日本派遣「遣唐使」到中國學習先進文化，遣唐使回國時，將梅花從中國帶入了日本。對當時的日本人而言，中國是令人嚮往的文化大國，中國來的梅花也因而備受尊崇。再加上梅花是在寒冬開花，被中國人譽為「花中之魁」，更讓日本貴族深深愛上了梅花。

日本的和歌集——《萬葉集》中有一百一十八首詠嘆梅花的和歌，相較之下，詠嘆櫻花的就只有四十三首，可見梅花是當時的「貴族代表花」。

後來日本廢除了遣唐使制度，貴族開始將注意力移轉到日本文化上，歌詠的對象也從梅花改為櫻花。在紀元九〇五年編輯的《古今和歌集》中，情勢已扭轉為「櫻多梅少」。

《萬葉集》的和歌大多都在詠嘆「等不及梅花綻放」的心情，《古今和歌集》則多憐惜櫻花的凋零飄落。

要比喻的話，古時和歌就如同現今的流行歌曲或情歌，當時所歌詠的「櫻花凋落之美」無疑是一種新的流行概念。

## 武士美學

貴族鍾愛的櫻花，後來成了時移世易的象徵。

鎌倉時代武士崛起後，武士也學會了鑑賞。武士因經常與死亡相伴，所以對櫻花隨風而落的模樣特別有感觸。

記述了「源平合戰」的《平家物語》收錄了不少和歌，每一首都在詠嘆櫻花盛開時的空虛與凋落時的美麗。那個時代人們感到世事無常，寫的也都是櫻花短暫而易逝的美麗。

到了戰國時代，戰國武將在櫻花的美麗與無常間找到了屬於武士的美學。

武田信玄就曾寫過這麼一首和歌——

美麗櫻花生無意，何不仿做永綠松。

這首歌的意思是：「櫻花並立綻放，終將凋零飄落，不如當松樹，永保綠色卻佇立千年。」

織田信長滅掉今川義元後，也曾用櫻花比喻時代的變遷。

今川終滅亡，櫻花終落盡。

## 豐臣秀吉與賞花文化

櫻花被納入武士文化後，鎌倉幕府在鎌倉設立了賞櫻聖地。到了室町時代[34]，室町幕府第三代將軍足利義滿也將吉野的櫻花移植至室町。

豐臣秀吉一統天下後，曾在吉野山和醍醐盛大舉辦豪華奢靡的賞櫻會。

一五九四年「吉野山賞櫻會」有超過五千人參加，一五九八年京都鵜鶘寺的「醍醐賞櫻會」也有一千三百人參加。

為什麼豐臣秀吉要舉辦吉野山賞櫻會呢？有人說是因為秀吉喜歡熱鬧氣派，有人說他是為了一解出兵朝鮮陷入苦戰的鬱悶。繼承人秀賴出生後，豐臣秀吉為了向上天祈願豐臣家永世長存，並向天下人展現豐臣家的權威，所以才在醍醐舉辦前所未有的盛大賞櫻會。雖說醍醐賞櫻會只有一千三百人參加，遠不及吉野山那次的五千人，但這一千三百人幾乎都是大名家中的女眷，參加的幾乎都是女性。

秀吉還在會上寫了一首和歌，向櫻花祈求豐臣家能夠永遠都是春天——

心念吉野櫻盛開，深雪之日終如願，百看不厭春日景。

34. 日本的時代劃分，指紀元一三三六年到一五七三年，因幕府設在京都室町，故得此名。

這場賞櫻大會結束後，僅過了兩個月秀吉就病倒了，為他從農民一躍成為天下霸主的壯烈人生畫下句點。秀吉向櫻花許下的願望終究沒有實現，一六一五年——醍醐賞櫻會的十七年後，豐臣家在大坂夏之戰[35]中遭到滅亡。

雖然許願失敗，秀吉的賞櫻大會卻幫日本人奠定了「賞花」的休閒習慣。

## 江戶與櫻花

江戶是新建的城鎮，所以沒有櫻花。

德川家的智囊——僧侶天海對江戶城的設計影響相當大。他先在上野建蓋寬永寺做為德川家的菩提寺，再將奈良吉野山的櫻樹苗移植到上野山區。

在天海移植櫻樹前，人們較偏愛單棵的櫻樹。

對農民而言，櫻樹開花是在報知農耕季節的到來。但因為每棵山櫻的開花時期不盡相同，所以每座農村都有一棵「播種櫻」，以該樹的開花之日來決定播種時期。

宮中種櫻也只種單株，日本宮殿有句話就叫「右近橘，左近櫻」。然而，天海卻在上野山上種下大量的櫻花，這片「花海」擄獲了江戶人的心。

江戶為填拓溼地而建，境內多河川，經常發生洪災，所以必須建造堅固的護岸來防治水害。

於是，人們開始在河岸種植櫻樹，讓櫻樹在河邊生根，鞏固土堤。且只要種了櫻樹，開花時節就會引來大批賞花客，將土堤踩得更加緊實。

江戶人除了在河岸種櫻，還在填拓之地種櫻。

35.「大坂」為「大阪」之古名。德川家康於此役擊敗豐臣家，結束日本長達一百多年的戰國動亂。

江戶的「靈岸島」是填補隅田川沙洲建成，因地盤鬆軟而有「蒟蒻島」之稱。為了解決地盤問題，人們在該處種植大量櫻花，藉此吸引賞花客來將土地「踏實」。

## 第八代將軍與櫻花

德川幕府第八代將軍——德川吉宗在江戶各處種植櫻花。他一方面推動享保改革，力求簡樸無華，一方面也為百姓建立休閒娛樂場所，以紓解他們對改革的不滿。

德川吉宗為了鼓勵民眾賞櫻，不但在飛鳥山、品川的御殿山等處種植櫻花，還為賞花客設立茶亭、舉辦筵席。

在德川吉宗的推廣下，賞花成了江戶庶民普遍的娛樂活動。百姓在櫻花樹下唱歌跳舞，幾杯黃湯下肚，生活的憂愁與壓力也隨之化解。

## 染井吉野的出現

現在說到「櫻花」，大多人都會想到「染井吉野櫻」。染井吉野直到江戶中期（一七五〇年代）才配種而成，算是比較新的櫻種。

江戶時期的染井村園藝相當發達，當地人用「江戶彼岸櫻」和「大島櫻」雜交出新種櫻花，並將這種櫻花命名為「吉野櫻」來販售。

奈良的吉野山是知名的賞櫻勝地，但該處的櫻花為山櫻，跟染井吉野櫻可說是八竿子打不著邊。染井村將這種櫻花命名為「吉野櫻」，只是想藉吉野之名搞個噱頭罷了，這個名字也就這麼沿用了下來。

「染井吉野」這個名字，則是到明治時代才出現。當時明治政府到上野公園調查櫻花，發現上野公園的「吉野櫻樹列」並非吉野的山櫻，才將之改名為「染井吉野」加以區別，意為「染井村種出來的吉野櫻」。

明治以後，日本進入「文明開化」的新時代。為了除去江戶時代的象徵，明治政府將大名宅邸和公園裡的名木一一砍除，並在小學和軍用設施等近代化象徵地點種植新的櫻樹——染井吉野。

## 染井吉野的美麗落花

為什麼新政府會選擇染井吉野呢？這其實是有原因的。

首先，要在各地種植需要足夠的樹苗，而染井吉野成長速度快，無須費工照顧也能順利長大，正好符合明治政府的需求。

江戶時代一般是種植山櫻。山櫻的特徵是長葉後才開花。觀察日本傳統紙牌上的櫻花插圖你會發現，盛開的櫻花之間通常都混著綠葉。

染井吉野則傳承了江戶彼岸櫻的特徵——先開花再長葉。但江戶彼岸櫻的花體積小、數量少，開花時並不醒目。染井吉野開花則以絢麗燦爛著稱，花大數多，開花時滿滿一片花海，甚至連樹枝都看不見。

此外，山櫻是由不同樹苗種植而成，所以每棵樹的開花時期都不同，花期也較長。染井吉野是嫁接繁殖，新樹苗是和原樹性質相同的複製種，所以通常是一同開花、一同凋落。也因為這個原因，染井吉野花落時節總是特別美麗。

染井吉野凋謝時的美麗印象深植人心，進而助長了日本人的「死亡美學」。

日本有首軍歌是這樣唱的——「花開即做好花謝的準備，為祖國壯烈凋零！」據說日本人就是因為染井吉野同時盛開、同時凋落的習性，才孕育出這樣的概念，崇尚「像凋落的櫻花一般高潔而亡」。

不幸的是，在日本的軍國主義之下，許多年輕人還真如櫻花花瓣一般凋落了。

## 「櫻花吹雪」的真相

有首知名和歌是這麼寫的——「借問大和心為何，朝陽輝映山櫻花」。

很多人認為這首歌是在詠嘆武士的凋零之姿，但其實此歌並非出自武士之手，而是江戶時代的文人本居宣長。

大多人對這首歌的解釋是：「只有像櫻花一般美麗凋零，才能顯現日本的大和精神。」但那是因為現代人習慣將「櫻花飄落」跟「死」畫上等號，這首歌其實並無此意。

本居宣長想說的是：「日本人的心靈有如櫻花一般美麗，日本精神就是鍾愛櫻花之美的心性。」

再怎麼說，這首歌所詠嘆的是山櫻，而非以落花美景聞名的染井吉野。山櫻的開花期間很長，其特徵是花與葉能同時共存，與染井吉野並不相同。

傳統日本所崇尚的是櫻花的生命力之美，讚嘆其生命力之餘，連帶欣賞櫻花飄落的美景。

有句話叫「花為櫻花，人為武士」，其解釋為：「做花就當櫻花，做人就當武士，像美麗凋落的櫻花一般高潔而逝。」

這句話源於一休宗純[36]的狂歌[37]——「人為武士，柱為檜木，魚為鯛魚，小袖[38]為楓，花為吉野。」

這段話的意思是「說到人就想到武士，說到柱子就想到檜木，說到魚就想到鯛魚，說到小袖就想到楓葉，說到花就想到吉野」。這裡的「吉野」當然不是指染井吉野，而是奈良吉野的山櫻。

這句話傳到最後，只剩下「人為武士，花為吉野」兩句，之後歌舞伎《忠臣藏》在台詞說到「花為櫻木，人為武士」，這句話才廣傳開來。

以前的日本人並不迷戀櫻花凋落的景象。

山櫻的盛開之美才是傳統日本人所鍾愛的美景，櫻花的綻放不僅宣告了春天的到來，還象徵了季節的移轉。這樣的櫻花，才是日本人精神的源頭。

36. 即「一休和尚」，本為皇子，幼年出家，以機智聞名。
37. 諷刺社會的滑稽和歌。
38. 日本傳統服裝的一種，現代和服的原型。

# 結語

放眼人類的悠久歷史，我們不斷利用植物來滿足不斷膨脹的欲望。而不會開口反抗的植物，就這樣依附在人類的欲望之下。

人們將植物帶離故土，遠渡重洋運到異地，強迫植物在不習慣的氣候中生長，又或是恣意改良植物的外型與姿態。

在歷史長河中，植物只是被人類玩弄於股掌之間的受害角色嗎？

我可不這麼認為。

對植物而言，最要緊的就是散播種子、繁衍後代。

植物生來就是為了留下種子，擴張生存版圖。

植物經常利用動物和人類搬運種子，有類植物別名「黏身蟲」，這種植物會將果實和種子黏在動物或人類的衣物上，藉此擴張版圖。

即便你沒有踏足深山野嶺，還是有可能被植物利用而不自知。比方說，車前草和繁縷等雜草種子非常容易附著在物品上，只要人類不小心踩到或開車碾到，其種子就可移動到別處，路邊生生不息的野草就是這麼來的。

植物不只會黏在動物身上，還會施以「色誘」和「味誘」吸引動物吃掉自己。

動物和鳥類在吃果實時，會連種子一同吞下肚，種子因不易消化，所以會和糞便一同排出體外。再加上種子通過消化道需要時間，植物就是看準這段時間動物會移動，才採用這種散播方式。

為了引誘動物和鳥類吃掉自己，植物的果實通常長得又紅又甜。有些植物還會「耍心機」，設法讓其他物種為自己效力。

比方說，堇菜是利用螞蟻來散播種子。仔細觀察堇菜的種子你會發現，上面附有果凍狀的油質體。堇菜就是用這種物質吸引螞蟻將種子搬回巢穴食用。看到這裡或許有人心想：「螞蟻的巢穴位於地底深處，即便把種子搬到巢穴裡，也無法順利發芽吧？」但其實，螞蟻只會食用種子上的油質體，不會吃掉種子。吃完油質體後，螞蟻就會將「垃圾」——剩下的種子搬出巢穴。在螞蟻的「幫助」下，堇菜的種子就能傳播到遠處。

這種利用螞蟻搬運種子的植物又名「蟻媒傳播性植物」。其方法之複雜令人驚嘆，只能說，被植物當棋子利用的螞蟻實在令人同情了。

植物為了傳播種子可說是無所不用其極，它們非常擅於利用其他生物，只要能夠散播種子，結點甜果、生點營養豐富的油質又算得了什麼呢？

人類一直認為自己栽培植物是在利用植物，但真的是這樣嗎？鳥類也熱愛香甜的果實，螞蟻為了吃油質不惜長途搬運種子，對植物而言，我們跟這些動物和昆蟲又有什麼兩樣呢？

如今世界各地都在耕種作物，既然植物的生存目的是散播種子，那麼這些作物無疑是植物界中最成功的贏家。它們生在廣闊的田地中，享受人類為自己播種、灌溉、施肥，「吃喝」都有人類照顧，過著「衣食無缺」的生活。對植物而言，為了享受這些「待遇」，配合人類改變外形和性質又算得了什麼呢？

人類自認可以自由改良植物，但說不定，其實是植物在配合人類而自由變化形體呢！

正如本書所介紹的，人類的歷史始於種植植物。學會農耕後，人們開始蓄積財富，因而造就貧富差距，而人類為了創造財富，只能一輩子不斷工作。

如果真有外星生物在觀察地球，它們會作何感想呢？會不會覺得農作物才是地球的霸主？人類只是服侍主子的奴隸？

人類的歷史，或許其實是植物的歷史。

最後，我要特別感謝ＰＨＰ編輯團隊的田畑博文先生，謝謝您協助本書的出版作業。

稻垣榮洋

二〇一八年五月

# 参考文献


- Andrew F. Smith著／『砂糖の歴史』／原書房／二〇一六年
- Bill Laws著／柴田譲治訳／『図説 世界史を変えた50の植物』／原書房／二〇一二年
- Bill Laws著／柴田譲治訳／『図説 世界史を変えた50の食物』／原書房／二〇一六年
- Bertha S. Dodge著／白幡節子訳／『世界を変えた植物』／八坂書房／一九八八年
- 江原絢子、石川上子、東四柳祥子合著／『日本食物史』／吉川弘文館／二〇〇九年
- Erika Janik著／甲斐理惠子譯／『リンゴの歴史』／原書房／二〇一五年
- Elizabeth Abbott著／樋口幸子譯／『砂糖の歴史』／河出書房新社／二〇一一年
- 藤巻弘、鵜飼保雄合著／『世界を変えた作物——遺伝と育種3』／Life Science教養叢書／一九八五年
- 藤原辰史著／『戦争と農業』／International新書／二〇一七年
- 樋口清之著／『食べる日本史』／朝日文庫／一九九六年
- 伊藤章治著／『ジャガイモの世界——歴史を動かした「貧者のパン」』／中公新書／二〇〇八年

● Jared Mason Diamond著／倉骨彰譯／『銃・病原菌・鉄（上、下）』／草思社／二〇一〇年
● 角山榮著／『茶の世界史──緑茶の文化と紅茶の社会』／中公新書／一九八〇年
● 古賀守著／『ワインの日本史』／中公新書／一九七五年
● Marjorie Shaffer著／栗原泉譯／『胡椒　暴虐の世界史』／白水社／二〇一四年
● Marc Aronson、Marina Budhos合著／花田知惠譯／『砂糖の社会史』／原書房／二〇一七年
● Marc Millon著／竹田圓譯／『ワインの歴史』／原書房／二〇一五年
● 松本紘宇著／『アメリカ大陸　コメ物語　コメ食で知る日系移民開拓史』／明石書店／二〇〇八年
● 溝口優司著／『アフリカで誕生した人類が日本人になるまで』／SB新書／二〇一一年
● 『食の世界地図』／文春新書／二〇〇四年
● 岡田哲著／『食の文化を知る事典』／東京堂出版／一九九八年
● Rebecca Rupp著／緒川久美子譯／『ニンジンでトロイア戦争に勝つ方法（上）世界を変えた二〇の野菜の歴史』／原書房／二〇一五年

● Rebecca Rupp著／緒川久美子譯／『ニンジンでトロイア戦争に勝つ方法（下）世界を変えた二〇の野菜の歴史』／原書房／二〇一五年

● Lucien Guyot著／池崎一郎譯／『香辛料の世界史』／白水社／一九八七年

● 酒井伸雄著／『文明を変えた植物たち コロンブスが遺した種子』／NHK Books／二〇一一年

● 佐藤洋一郎、加藤鎌司編著／『麦の自然史——人と自然が育んだムギ農耕』／北海道大學出版會／二〇一〇年

● Sylvia Johnson著／金原瑞人譯／『世界を変えた野菜読本——トマト、ジャガイモ、トウモロコシ、トウガラシ』／晶文社／一九九九年

● 橘みのり著／『トマトが野菜になった日——毒草から世界一の野菜へ』／草思社／一九九九年

● 武田尚子著／『チョコレートの世界史——近代ヨーロッパが磨き上げた褐色の宝石』／中公新書／二〇一〇年

● 玉村豐男著／『世界の野菜を旅する』／講談社現代新書／二〇一〇年

● Tom Standage著／『世界を変えた6つの飲み物——ビール、ワイン、蒸留酒、コーヒー、紅茶、コーラが語るもうひとつの歴史』／InterShift／二〇〇七年

●鵜飼保雄著／『トウモロコシの世界史——神となった作物の九〇〇〇年』／悠書館／二〇一五年
●山本紀夫著／『トウガラシの世界史——辛くて熱い「食卓革命」』／中公新書／二〇一六年
●山本紀夫著／『ジャガイモのきた道——文明・飢饉・戦争』／岩波新書／二〇〇八年
●Larry Zuckerman著／『じゃがいもが世界を救った——ポテトの文化史』／青土社／二〇〇三年

國家圖書館出版品預行編目資料

撼動世界歷史的14種植物 / 稻垣榮洋著；劉愛夌. -- 初版. -- 臺北市：平安文化, 2019.10 面; 公分. --(平安叢書；第641種) (知史；13)
譯自：世界史を大きく動かした植物
ISBN 978-957-9314-38-1 (平裝)

1.植物學史

370.9　　108015367

平安叢書第0641種

知史 [13]

# 撼動世界歷史的14種植物



作　　者—稻垣榮洋
譯　　者—劉愛夌
發 行 人—平　雲
出版發行—平安文化有限公司
台北市敦化北路120巷50號
電話◎02-27168888
郵撥帳號◎18420815號
皇冠出版社(香港)有限公司
香港銅鑼灣道180號百樂商業中心
19字樓1903室
電話◎2529-1778　傳真◎2527-0904
總 編 輯—許婷婷
責任編輯—蔡維鋼
美術設計—嚴昱琳
著作完成日期—2018年
初版一刷日期—2019年10月
初版三刷日期—2024年10月
法律顧問—王惠光律師

讀者服務傳真專線◎02-27150507
電腦編號◎551013
ISBN◎978-957-9314-38-1
Printed in Taiwan
本書定價◎新台幣320元/港幣107元